建筑设计名家名作详图丛书

公共建筑

[西] 弗朗西斯科·埃森西奥 编著
万小梅 译

中国建筑工业出版社

BUILDING DETAILS

著作权合同登记图字：01—2002—5595号

图书在版编目（CIP）数据

公共建筑／（西）埃森西奥编著；万小梅译.—北京：中国建筑工业出版社，2003
（建筑设计名家名作详图丛书）
ISBN 7-112-05618-7

Ⅰ.公... Ⅱ.①埃...②万... Ⅲ.公共建筑－建筑设计－作品集－世界 Ⅳ.TU242

中国版本图书馆CIP数据核字（2002）第108603号

责任编辑：马鸿杰　杨虹

建筑设计名家名作详图丛书

公共建筑

[西]弗朗西斯科·埃森西奥　编著
万小梅　译

中国建筑工业出版社出版、发行（北京西郊百万庄）
新 华 书 店 经 销
北京佳信达艺术印刷有限公司印刷
*
开本：889×1194毫米　1/20　印张：5 3/5
2003年4月第一版　2003年4月第一次印刷
定价：**22.00**元
ISBN 7-112-05618-7
TU·4945（11257）

本社网址：http：//www.china-abp.com.cn
网上书店：http：//www.china-building.com.cn

目　录

近几年来建筑方面的出版物数量大为增加，这不仅显示了整个社会对城市形象和建筑外观的日益关注，更显示了专业人士了解世界各地同行工作状况的兴趣和及时了解新材料、新技术的愿望。尽管已经出版了大量有关建筑的书籍，但是仍然十分缺乏对已竣工项目进行深入探讨的书籍来分析创造性的设计过程和建筑师所选择的技术方案。而这，正是本书出版的目的。

我们将在后面的章节里从草图到详图深入探讨几个著名的现代建筑。因此我们将本书定位于既能为专业人士提供帮助，也能满足普通大众对建筑的兴趣。书中的例子非常详尽，为每一个想在其工程中使用类似材料的建筑师提供了明确的索引。

本书每章都有建筑师亲自撰写的短小前言。平面图的比例易于测量和比较。构造详图上标明了每一种材料。照片也经过精心选择，更好地展现了竣工工程的面貌。

本书以专业的眼光看待建筑，独树一帜，精彩实用。

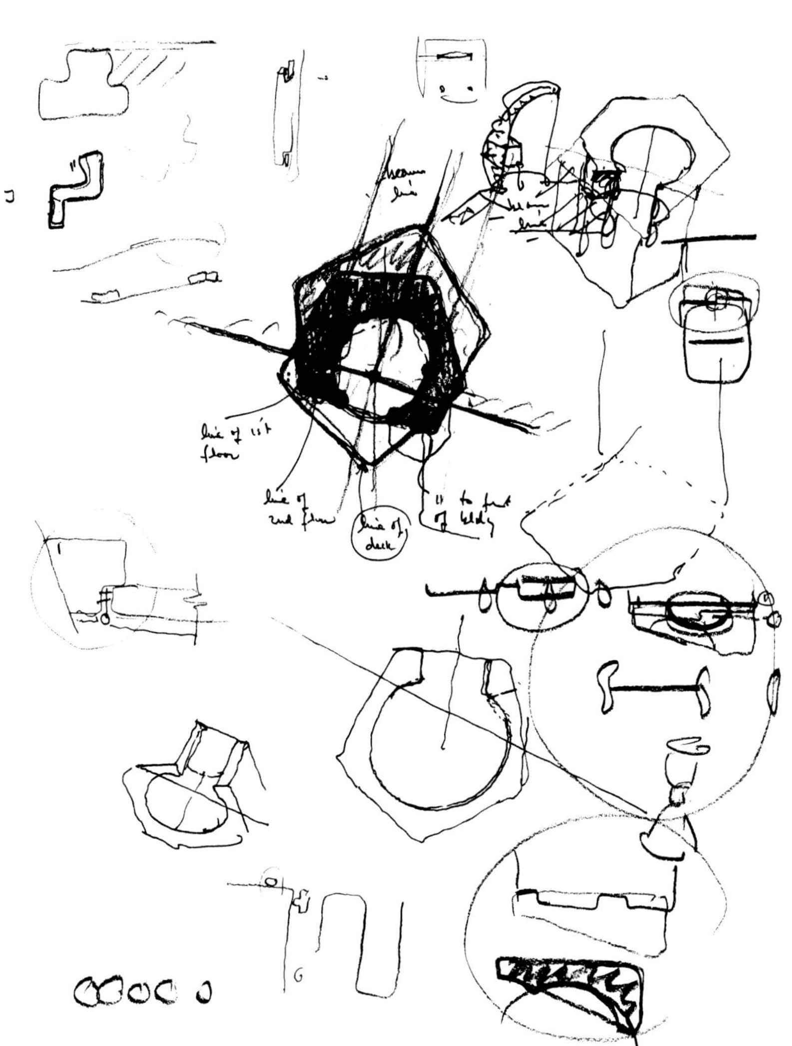
line of 1st floor
line of 2nd floor
line of deck
" to face of bldg

8 里尔美术馆

让·马克·伊博斯 & 米尔托·维塔

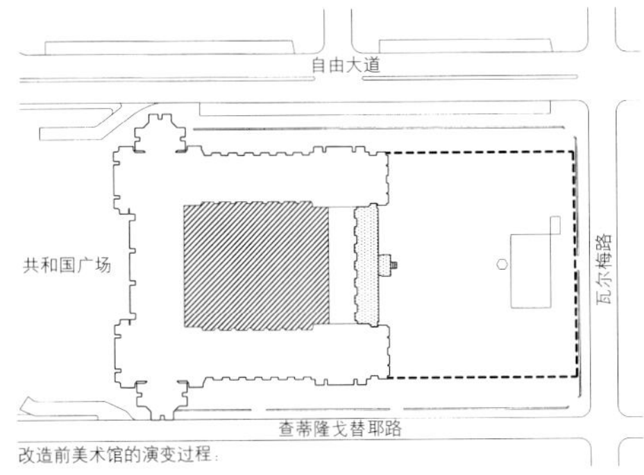

改造前美术馆的演变过程：

- 项目最初征用土地范围
- 1895 年建成部分
- 20 世纪 30 年代覆盖部分
- 20 世纪 70 年代延伸部分

总平面图，可以从中看出位于共和国广场和玻璃广场之间庭院的功能

建 筑 师：*让·马克·伊博斯 & 米尔托·维塔*
地　　址：*法国，里尔*
建筑面积：*合计 300,000 平方英尺，其中新建筑面积 118,000 平方英尺*
时　　间：*1990 年 3 月（设计竞赛）*
1990～1992（施工图设计）
1992～1997（建造）
合　　作：*皮埃尔·康塔库泽纳（负责人），*
索菲·阮（博物馆立面以及博物馆技术[1]）
结　　构：*工程师凯弗恩*
立　　面：*Y.R.M.安东尼·安及其合伙人*
设　　备：*工程师阿尔托*
业　　主：*里尔市议会*
资　　金：*公用．1.5 亿法朗用于建筑，3 千万法朗用于博物馆技术项目*
建　　设：*里尔市议会*

这次竞赛的宗旨不仅在于更新原有建筑以符合现行标准，更在于探索一种全新的展览方式。此外，美术馆还需要增加观众厅、图书馆、几个专题讨论室和一个临时展厅，并按照新技术研究室的成果重新安排美术馆的保存设施。总之，要在 183000 平方英尺（约 17000m^2）的现有展览面积上大约增加 54000 平方英尺（约 5016m^2）的展览面积。

里尔美术馆建于 1895 年，当时的建筑师贝拉尔和戴尔马想按照卢浮宫的样子建造一个宏伟的建筑，这个设计原本会占用这次扩建的基址。我们现在看到的建筑只有当年设计的一半大小，是原设计的缩小版本。出人意料的是，伊博斯和维塔在这次竞赛中将新建筑的一个立面做成玻璃幕墙，利用反射对老馆的立面进行了复制，从而在某种意义上完成了最初的设计。建筑师解释说："我们希望了解这个美术馆的内涵，从它优秀的品质中有所获益。"

毫无疑问，在透视和反射的相互作用下，两个建筑师创造的最重要的元素是这个新幕墙／建筑，以及一个虚拟池塘。虚拟池塘是新建临时展厅的屋面，也是用玻璃做成的，玻璃屋面的开启由电控开关控制。虚拟池塘的背景是新建筑的北立面，一个连续的层叠垂直面：第一层是玻璃板，微小的镜面以印象主义的手法反映出原建筑；这层玻璃板后面是红色背景上的金色镀铬玻璃。该立面和南立面一样由双层镀膜玻璃组成，固定扇和开启扇内都有空气腔。这些玻璃板用螺钉固定在铝支架和横梃所形成的网格上，支架以不锈钢连接件固定于混凝土结构上。北立面的混凝土与玻璃板之间是空调管道和照明控制光纤。南立面有一套感应系统对直射阳光、温度和风速进行测量，然后自动控制外部遮阳系统。虚拟池塘由水平玻璃板构成，这些玻璃微小的倾斜度（1%）和大小尺寸（每块 18 英尺 × 3 英尺）非常特别。水平玻璃板由一组不锈钢型材支撑，下面是六根 62 英尺（约 18.9m）长的钢梁跨越建筑的短边。梁之间是另一套自动控制系统，可以调节自然光线以满足展览的需要。

1　博物馆技术（Museography）是与博物馆学相关的技术主体。它包含博物馆运作层面上不同的方法与实务。

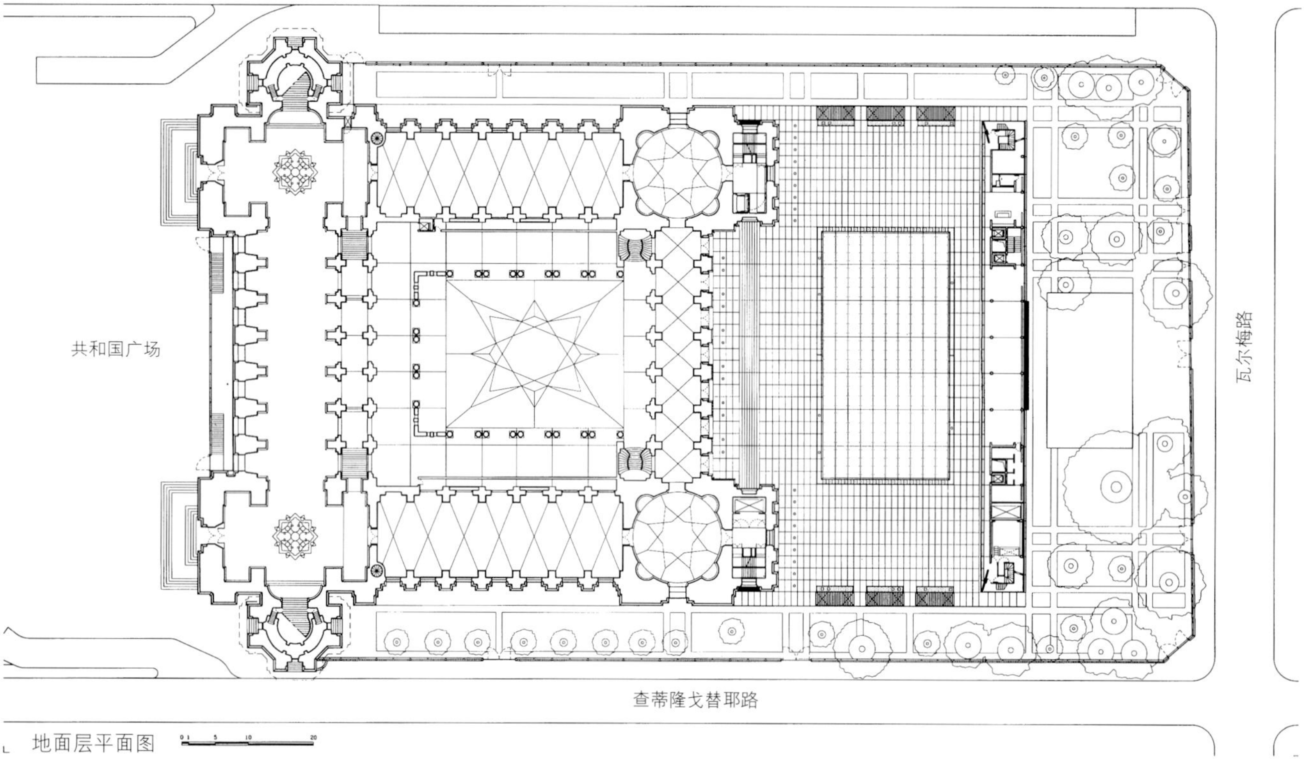

共和国广场

瓦尔梅路

查蒂隆戈替耶路

地面层平面图

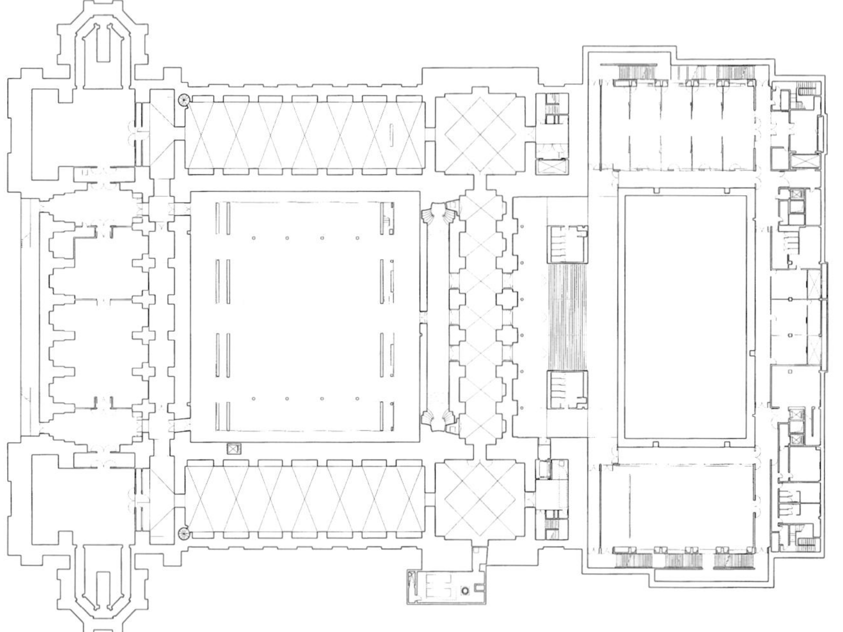

地面层平面图。佩谢设计的巨大圆形吊灯几乎充满了靠近玻璃广场的两个圆厅。美术馆的入口位于共和国广场

地下一层平面图，包括水平玻璃下的临时展厅和中庭下方展览的浮雕。平面图还显示了美术馆和保存工作室之间的连接体

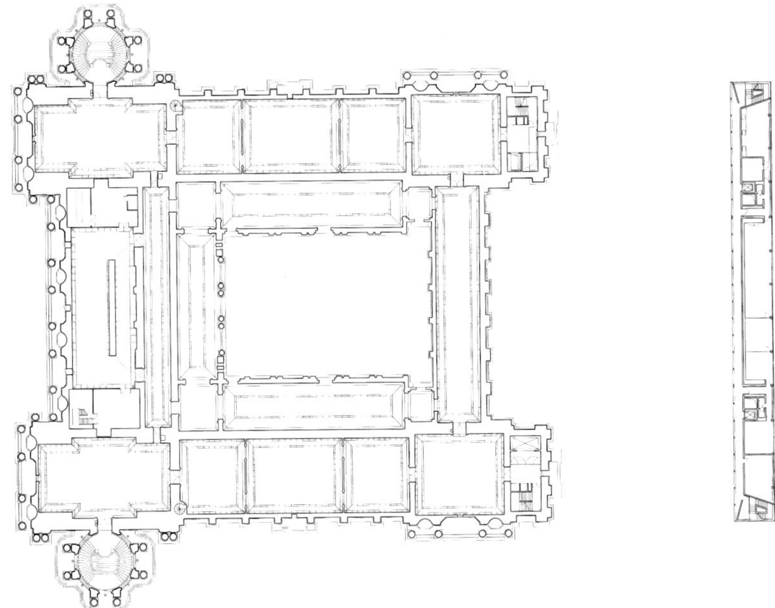

顶层平面图　比例 1：1000

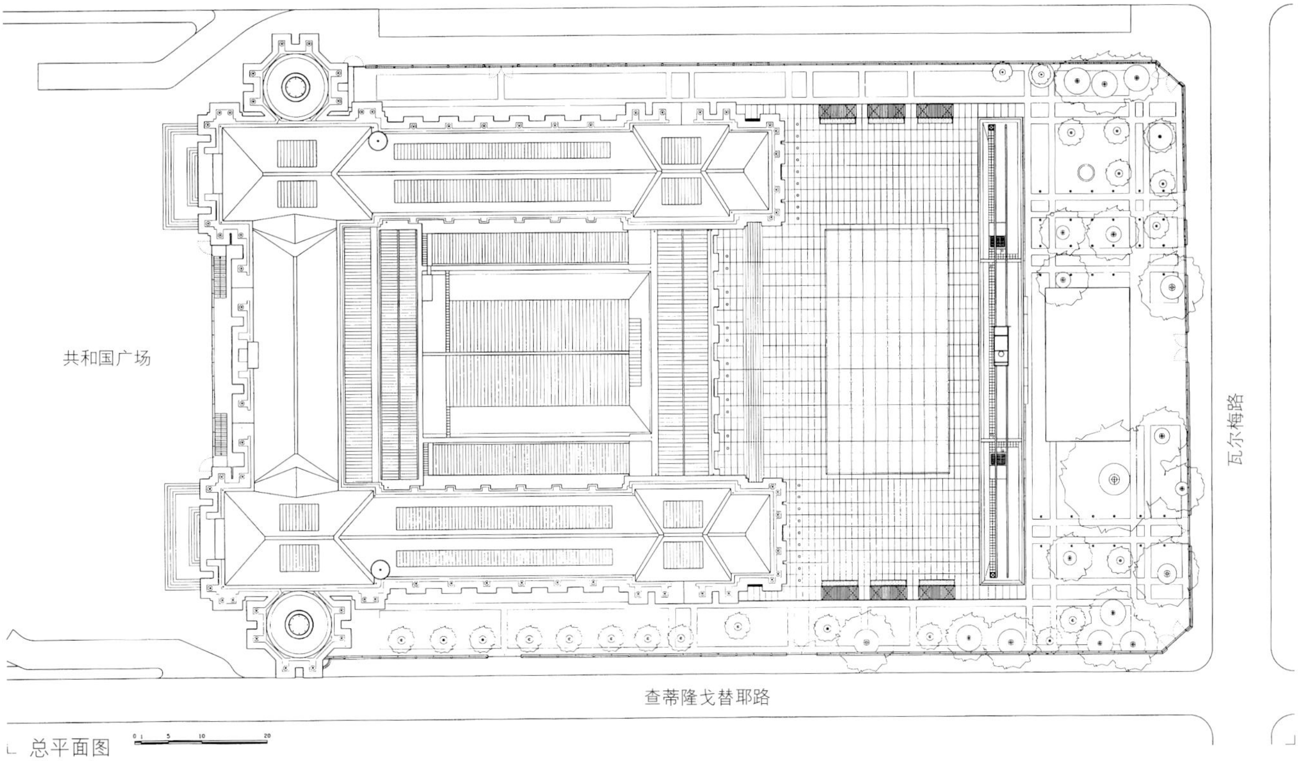

共和国广场

瓦尔梅路

查蒂隆戈替耶路

总平面图 0 1 5 10 20

查蒂隆戈替耶路

美术馆剖面图，穿过翻修后成为室内广场的中庭

1/500

临时展厅剖面图。玻璃屋顶的六个主梁位于美术馆正面拱廊六根轴线的延长线上

1/500

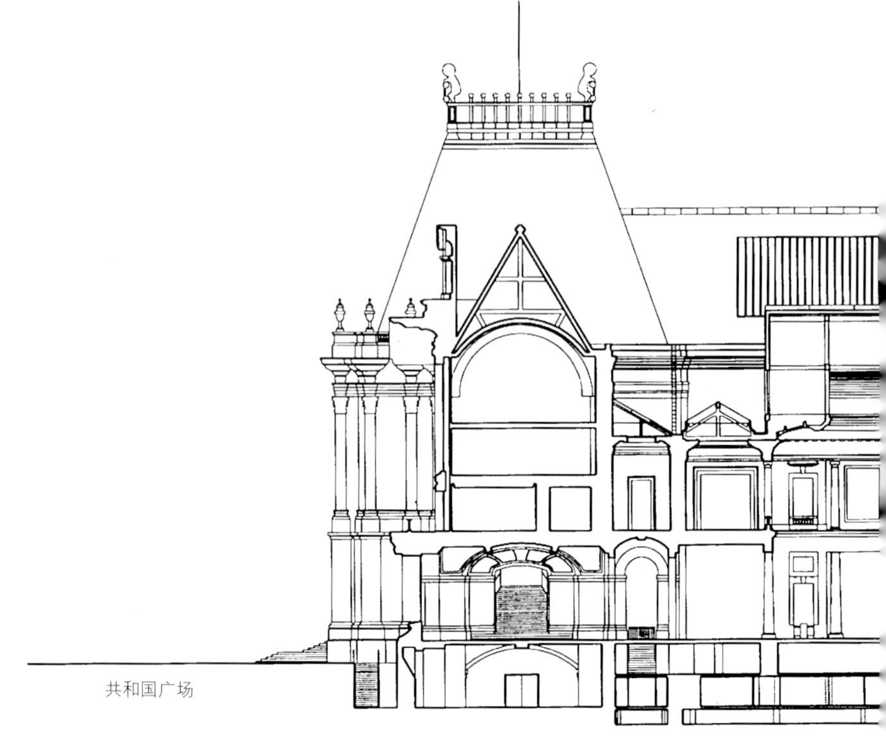

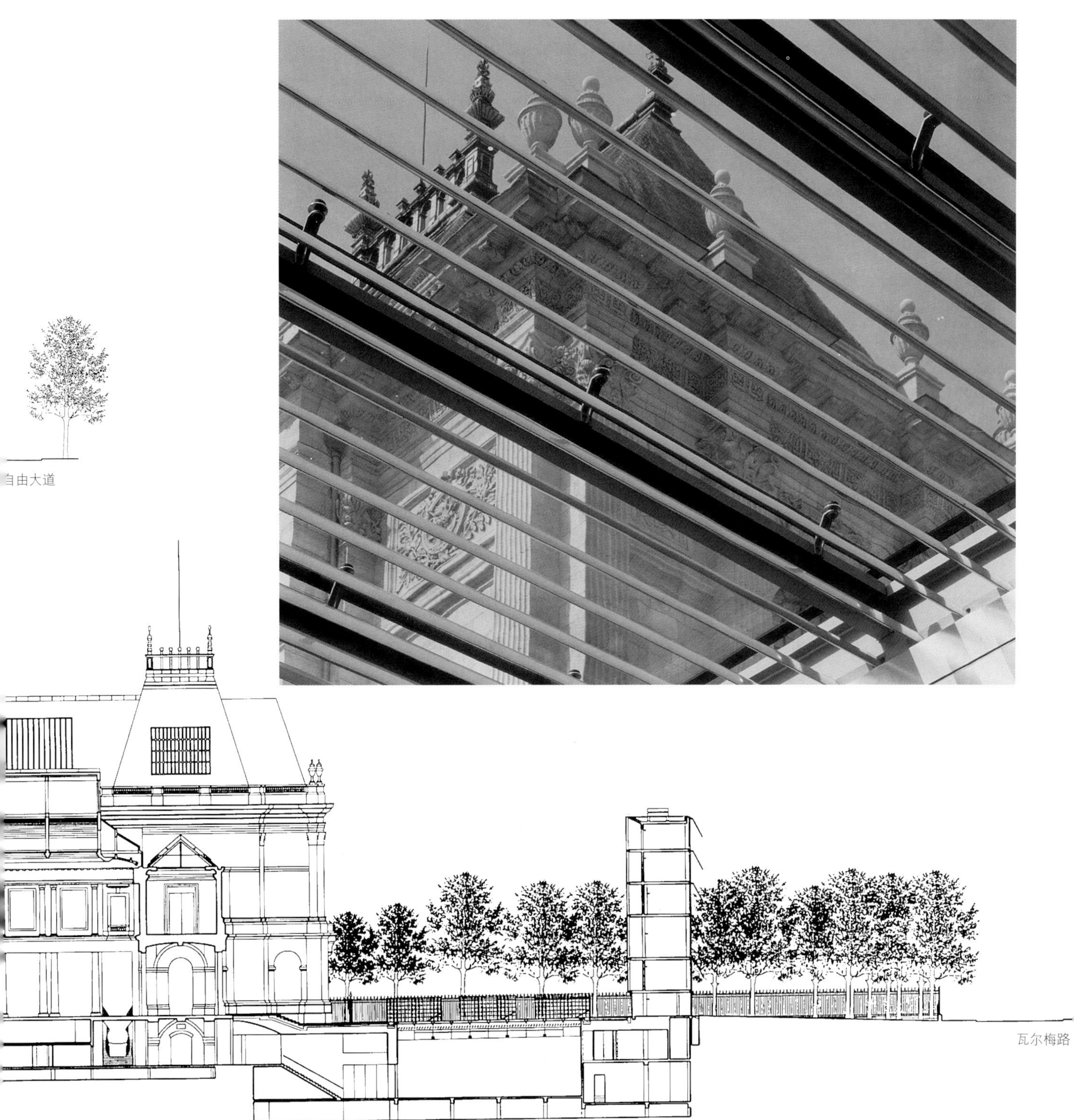
自由大道
瓦尔梅路

幕墙／建筑北立面剖面详图：

1. 铝型材
2. 10mm 厚刻花 Climalit 玻璃，15mm 空气腔，66.4mm 钢化夹层玻璃
3. 88.2mm 厚 Climalit 玻璃
4. 230mm 厚混凝土板
5. 80mm 厚磨光混凝土板
6. PVC 地毡
7. 金属缘饰
8. 4mm 厚阿鲁克邦铝薄板檐板
9. 矿棉
10. 椭圆形不锈钢固定夹，支撑层间幕墙
11. 固定管道的钢板
12. 30/10 镀锌钢板
13. 20/10 钢板
14. 不锈钢格栅
15. 20/10 镀锌钢板
16. 10mm 厚镀锌钢板
17. 固定玻璃的铰接螺栓
18. 黑色硅酮接缝，两道防水
19. 不锈钢螺栓固定
20. 黑色中稠度聚乙烯接缝带
21. 不锈钢格栅
22. 导管

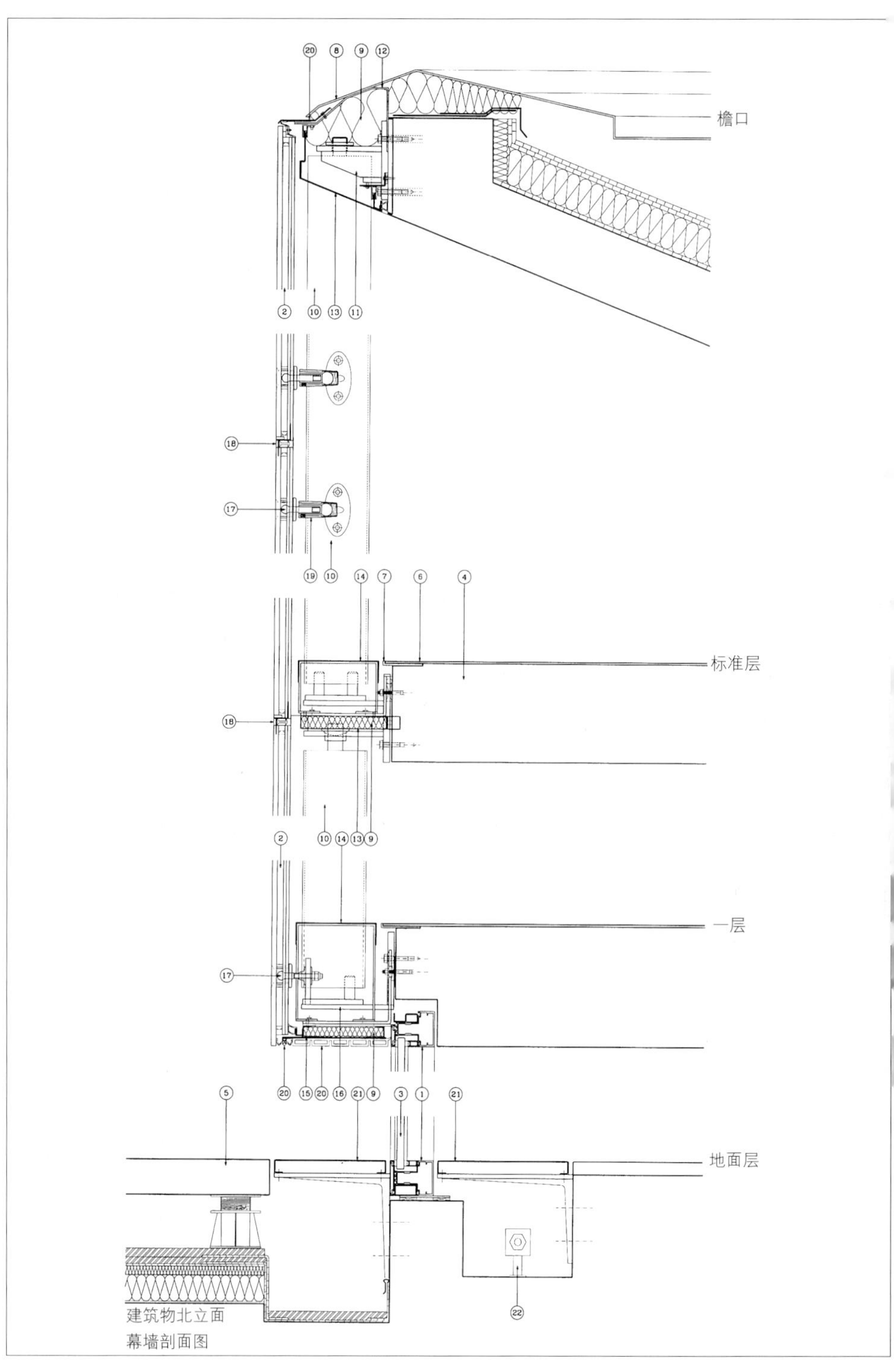

建筑物北立面
幕墙剖面图

幕墙／建筑南立面剖面详图：

1. 铝型材
2. 4mm厚含有矿物质的玻璃，6mm厚Planitherm低辐射玻璃；10mm厚空气腔；6mm厚条纹玻璃
3. 铝固定夹
4. 混凝土柱
5. 230mm厚混凝土板
6. 水泥面层
7. 黑色中稠度聚乙烯膨胀结合点
8. 可调螺钉
9. 4mm阿鲁克邦铝单板檐口
10. 矿棉
11. 20/10镀锌钢板
12. 不锈钢格栅
13. 路垣石
14. 铝质通风格栅
15. 自调节格栅
16. 8mm厚支撑外遮阳篷的不锈钢板
17. 8mm厚不锈钢板
18. 直径70mm，4mm厚不锈钢支撑杆
19. 8mm厚不锈钢板
20. 运动杆
21. 遮阳篷臂
22. 直径25mm的不锈钢承重杆
23. 白色PVC加强织物

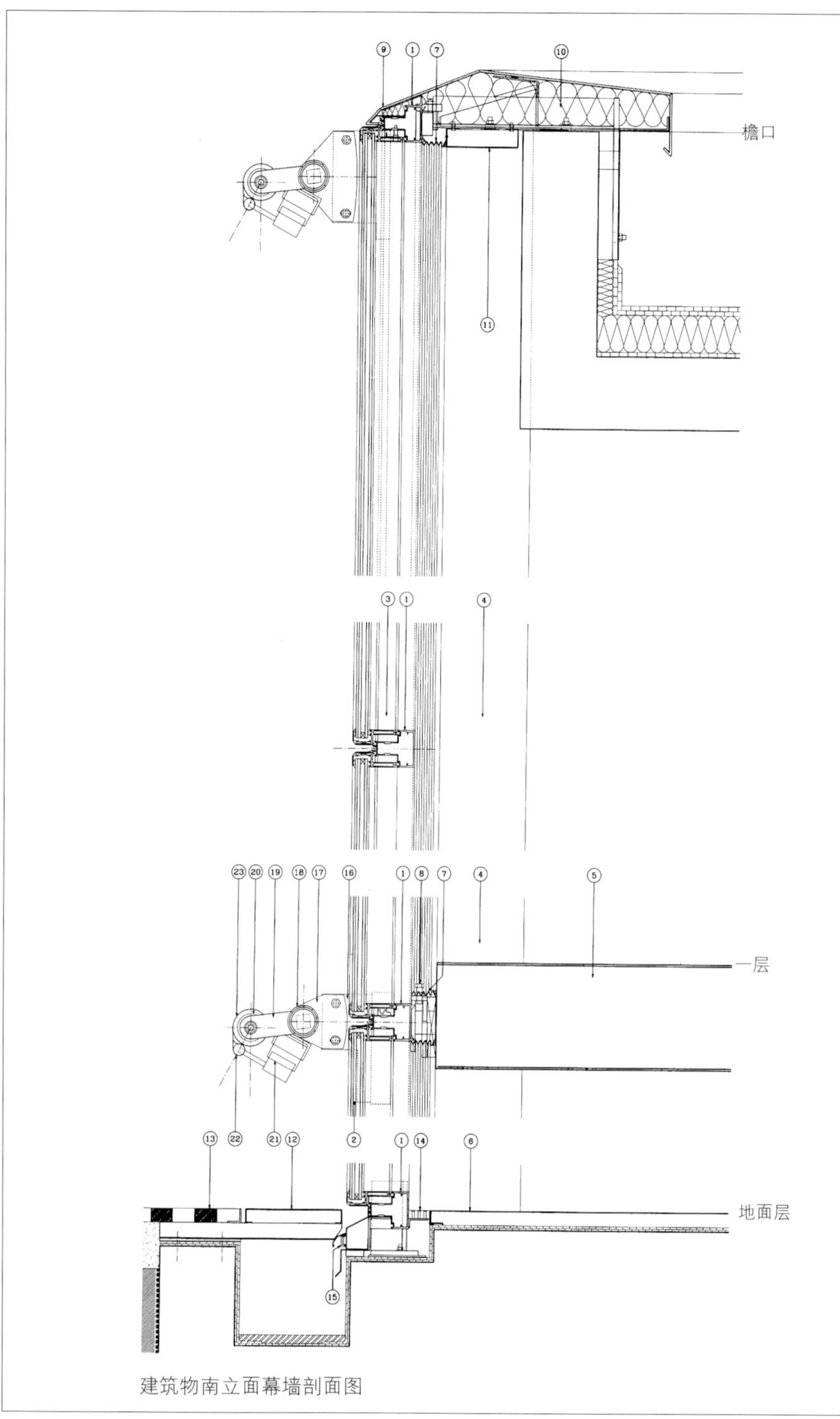

建筑物南立面幕墙剖面图

水平玻璃的横剖面图：

1. 15mm厚Climalit玻璃
2. 15mm厚空气腔
3. 夹层钢化玻璃，mm：10/10/4
4. 黑色硅酮接缝
5. 中稠度聚乙烯
6. 旋转接头
7. 不锈钢夹通过螺栓连接UPN150型钢
8. UPN150，焊接于镀锌钢板
9. UPN150，焊接于钢结构
10. 桥接件
11、12. 开启和关闭状态的银色百叶
13. 支承百页的灰漆型钢
14. 电动牵引器，升起
15. 接线盒
16. 主钢梁
17. 主钢梁外包3mm厚钢板
18. mm：30×30×2钢管
19. mm：50×30×2承重钢管
20. 空调管
21. 带状送风口
22. 25mm厚玻璃纤维
23. 保护层
24. 空调管道
25. 3mm厚钢板
26. 4mm厚保护层
27. 3mm厚30%多孔板
28. IPSO可调灯具
29. Erco低压暗装卤灯
30. 超低压探照灯，带可调装置，安装于轨道上

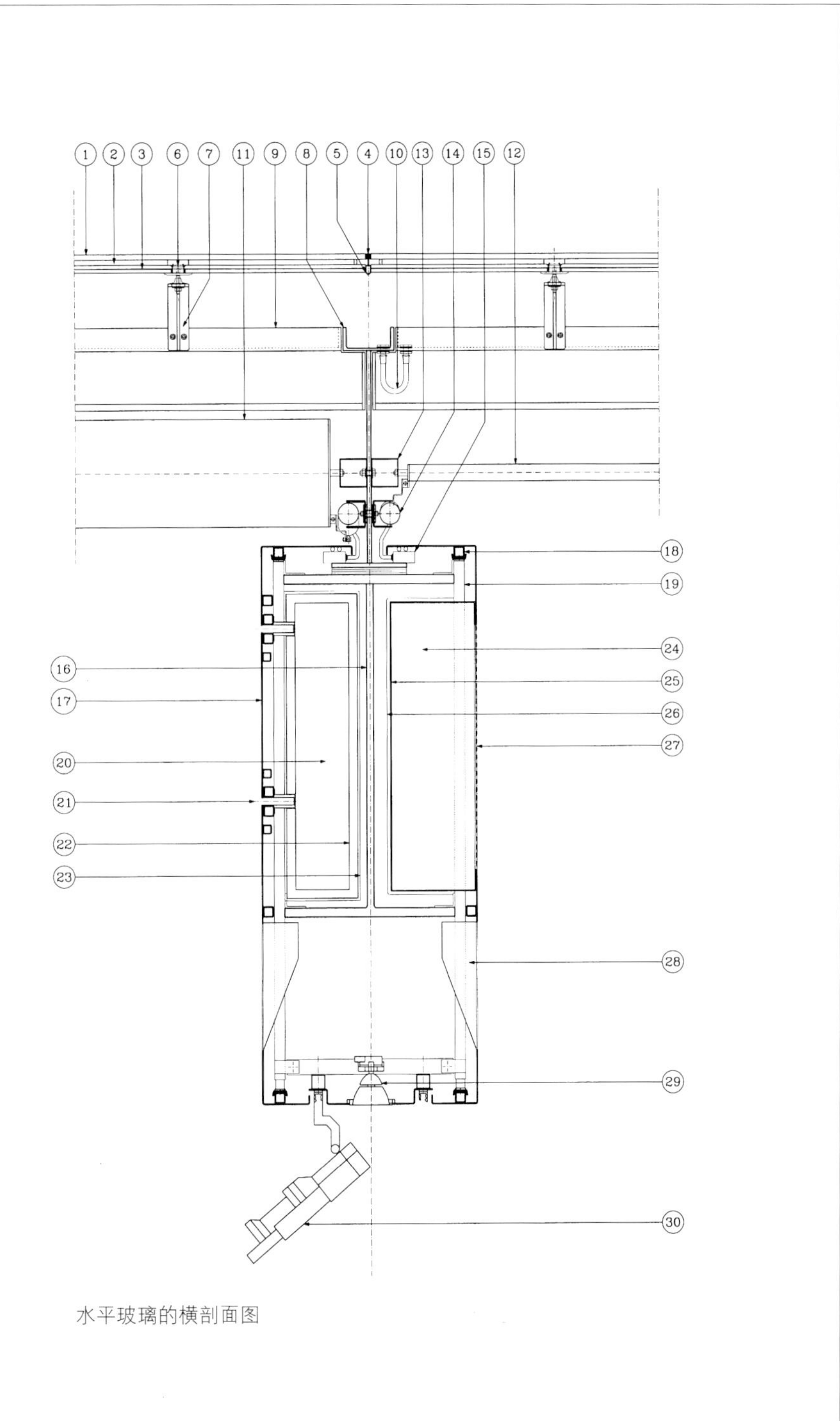

水平玻璃的横剖面图

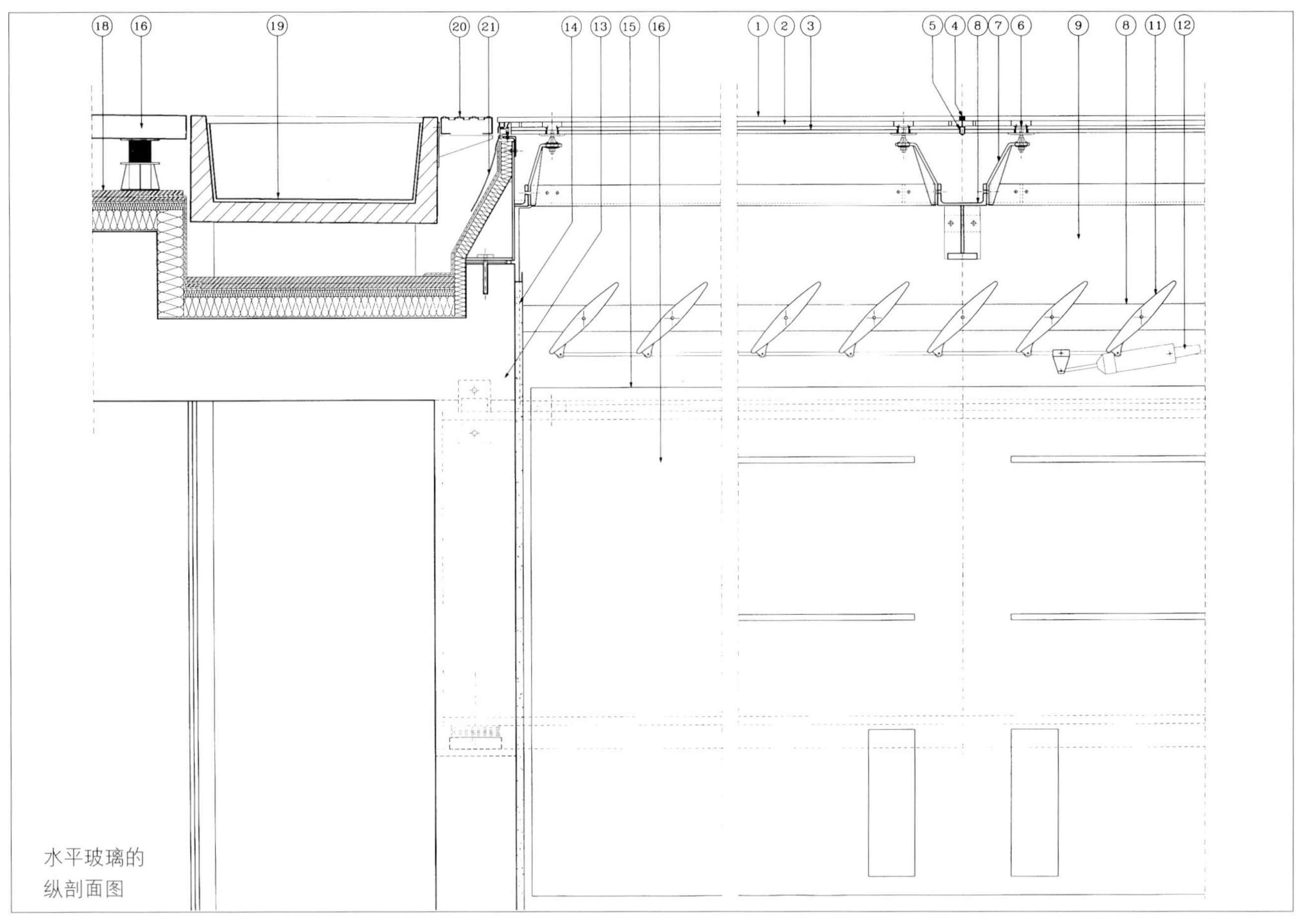

水平玻璃的纵剖面图

1. 15mm 厚 Climalit 玻璃
2. 15mm 空气腔
3. 夹层钢化玻璃 mm：10/10/4
4. 黑色硅酮接缝
5. 中密度聚乙烯加强硅酮接缝处的防水性能，将渗入的水汽带入 UPN150 型钢檐沟
6. 旋转接头
7. 镀锌钢夹，以螺栓固定于 UPN150 型钢
8. UPN150 型钢，焊接于镀锌钢板
9. 钢结构
10. 型钢支承，外涂灰漆
11. 开启银色百叶
12. 电动牵引器，升起
13. 混凝土结构
14. 石膏面层
15. 主梁的 3mm 厚保护层
16. 主钢梁
17. 磨光混凝土板
18. 保温防水材料
19. 磨光混凝土槽
20. 不锈钢格栅
21. 中密度聚乙烯防水层

20 萨米特

埃里克·欧文·莫斯

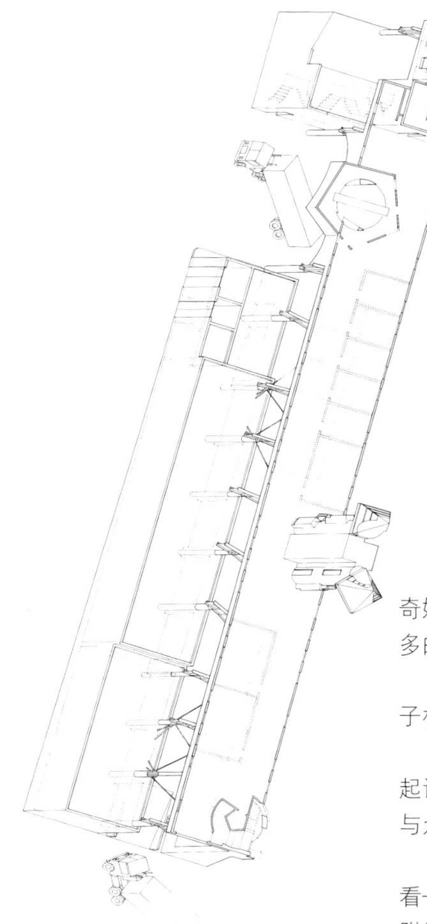

轴测图

建　筑　师：*埃里克·欧文·莫斯*
地　　　址：*美国，洛杉矶*
项 目 经 理：*热·瓦诺，丹尼斯·伊格*
结构工程师：*乔·库瑞里，库瑞里·希曼斯基·柴科*
机械工程师：*保罗·安捷里，I&N咨询工程师*
建 设 管 理：*汉纳及其合伙人*

业主请我为一个有着锯齿形屋面的建筑做扩建(该建筑后来被称为萨米特)。这个项目的奇妙之处在于没有基地，没有项目，也没有计划——我们仅仅是在讨论如何为承租人提供更多的空间。我建议在走廊上空做一个盒子。

这是一个利用空中空间的机会。架在钢管上的大梁支撑着建筑体，这个由大梁、桁条、柱子构成的混合体倒不算太奇怪，并非不可想像之物。

支撑盒子的构架看起来像一个醉汉设计的快车道（说这话我有点犹豫，因为这很容易引起误解)。这个"醉汉"非常严肃地解释这个项目是怎样的，但他是在梦中说话。醉汉敏锐而与众不同地观看这个世界。

萨米特的二期工程开始于一期工程结束后一两年，是个内弯的空间。一期工程是看与被看——是外向的，二期工程比一期工程更隐蔽些：一个与五边形水池相连的弯钩创造了一个附属庭院。

一期工程施工时，政府部门有人打电话给我说："你能在萨米特上再加一层吗？"他们就喜欢这样。我说，"唔，你不能在上面再加一层了，你会把它搞糟的，它会塌掉，但是我们还有一个弯钩要盖。"原来设计的弯钩低于建筑限高48英尺（约14.4m)。他们说，"好的，你看可不可以着手二期工程，把那个弯钩重新设计一下，索性让它打破高度限制。"于是这个内向的部分有了一个125英尺（约38.2m）高的塔。

弯钩和塔应该一起施工。塔为钢结构，九层高——这个高度肯定会造成塔与基地脱节。基地并非不可侵犯，但是基地有它的意义：新建筑可以改变老建筑，但是不能抹煞老建筑。

我不得不承认这个在空中飞翔的体块并不完全是一个体块。在它下面有许多切口以便让更多的光线进入。光线不断移动，结构开始起舞。

入口处是一个楼梯，它的内部空间开始是圆锥体，然后是圆柱体，最后像一个南瓜。人们沿着楼梯越向上走感觉它就越像南瓜。

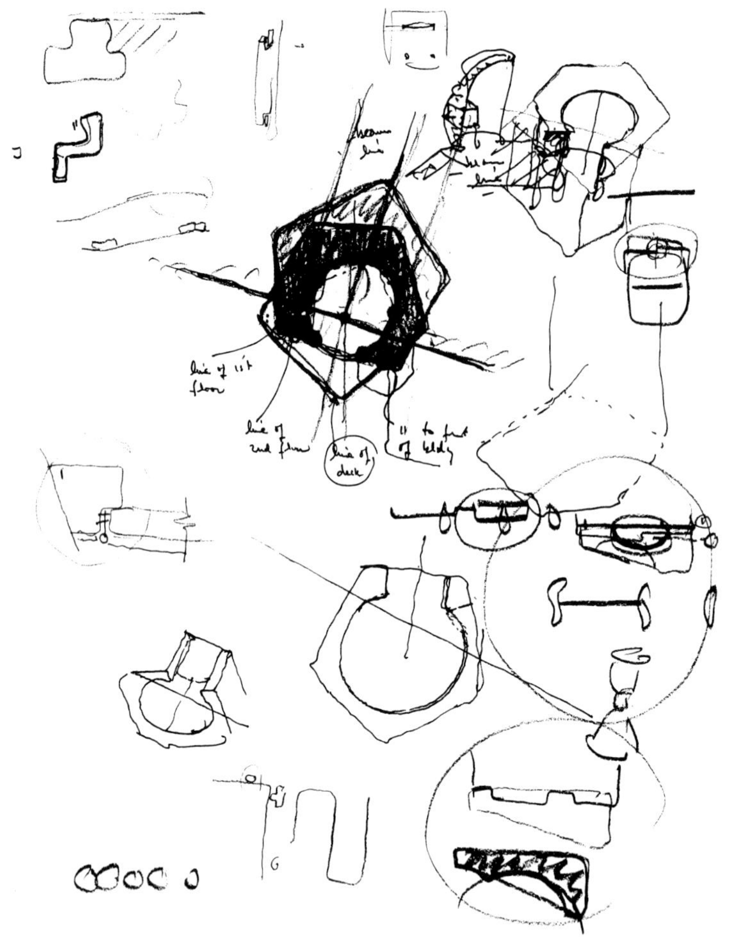

设计草图

第一个阶段往往是埃里克·欧文·莫
设计最重要的阶段之一：在最初几天
图的过程中所产生的思想是整个建筑
础

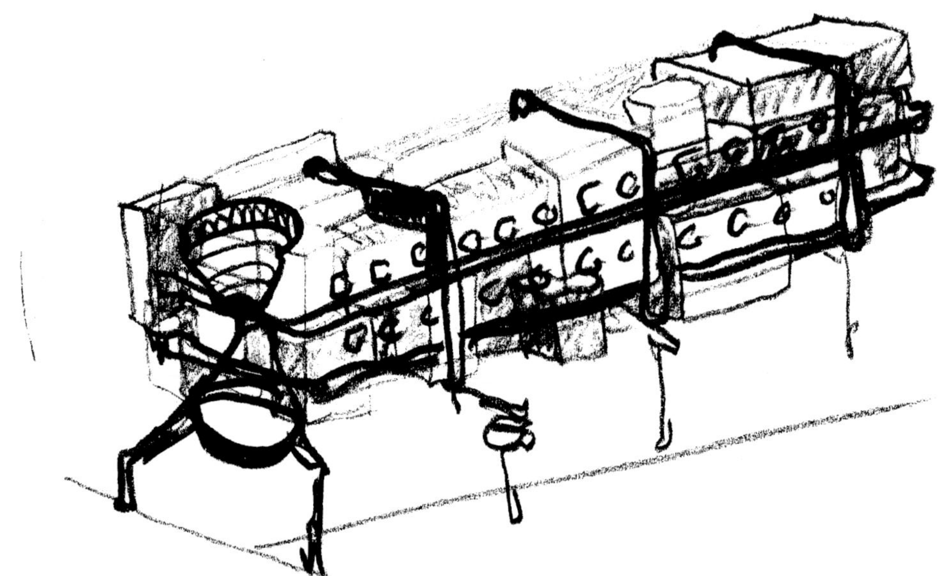

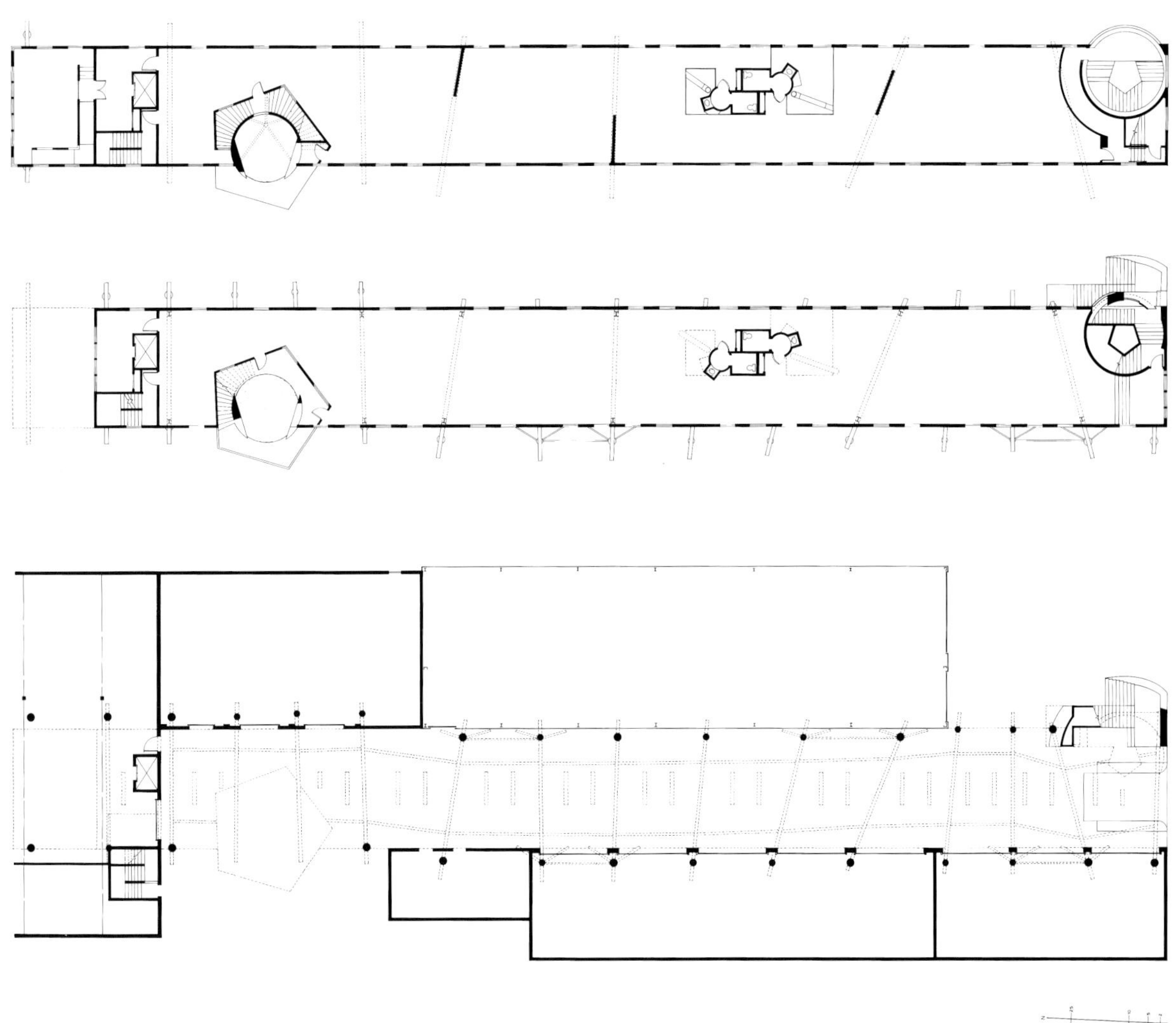

平面图　1：500

这个建筑限高48英尺（约14.4m）；宽度按防火部门的说法，不能超过现有建筑上方的一条控制线。于是这个悬浮在空气中的建筑只能跨越街道——它不能跨越毗邻建筑，建筑下方必须为卡车留出15英尺（约4.5m）高的空间，这个建筑就是这样，萨米特就是这个体块，是体块的限制，或者说从体块上切除，永远不能增加。

萨米特还有一个明显凹口——两个五边形构成的水池。它不像游泳池，没有装满水，相反，里面的水很浅，流向一个洞，消失后又被泵回来。

水池底面是座桥，属于一个拱形结构，那里原来的柱网被拆除了，于是从圆锥体下方进来的卡车能够在从水池底下出去。出口就是那个拱，水池上方还有一个桥，桥上之桥。

萨米特的董事会会议室也很有特色，它位于锯齿形屋面之上。走进门厅，乘电梯上楼，如果你朝圆锥体方向走，就可以进入办公空间（共两层）；反向走，就能到达一层半高、面向洛杉矶壮丽景观的董事会会议室。

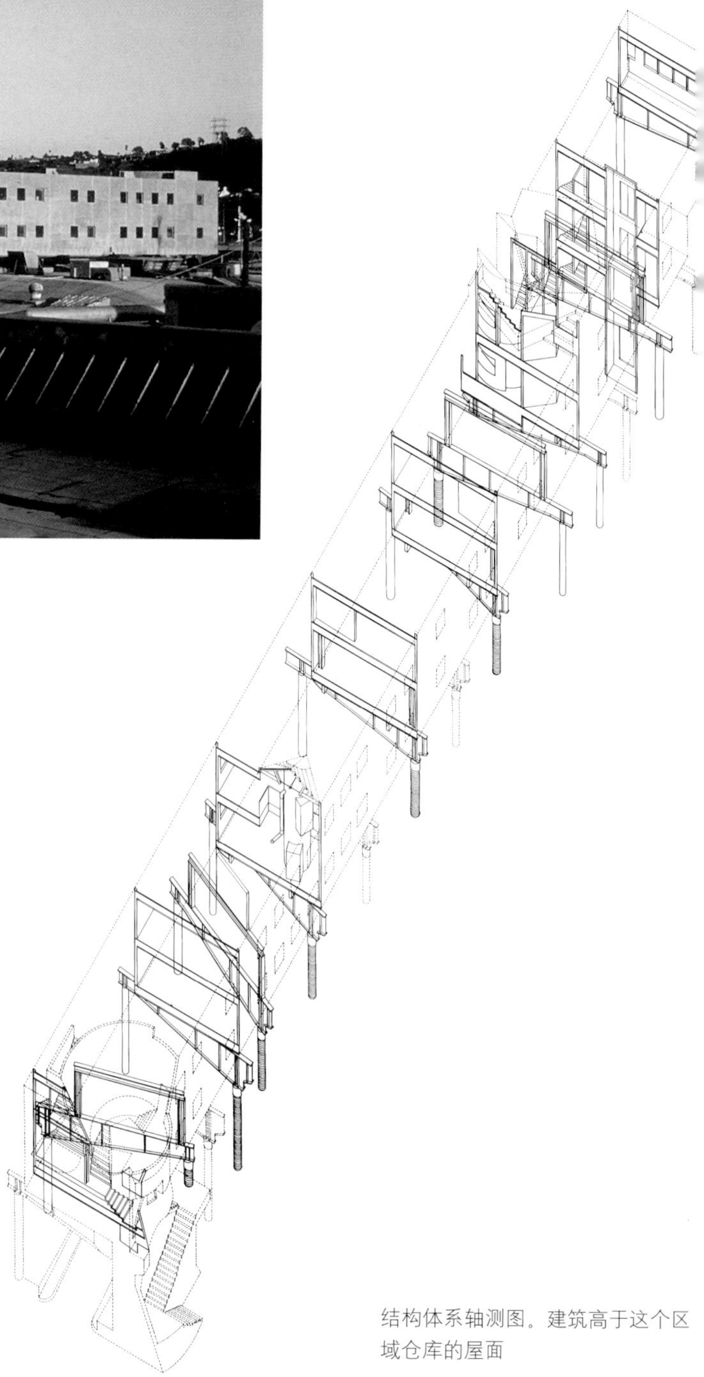

结构体系轴测图。建筑高于这个区域仓库的屋面

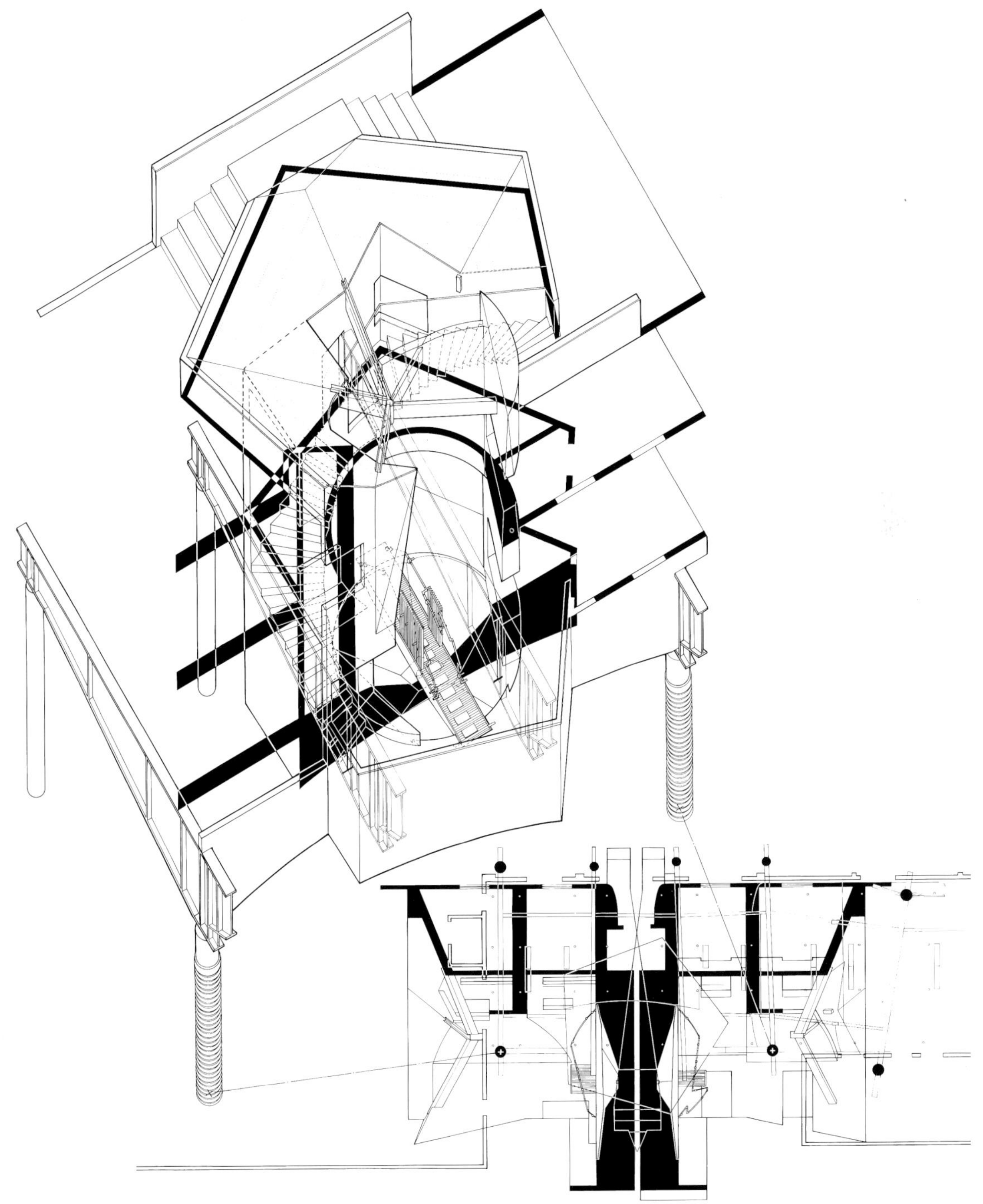

五边形楼梯的细部。这个楼梯是该设计的主要元素之一。欧文经常为了创造复杂的空间而撼动整个建筑

楼梯的两个构造剖面。墙体看起来是土的，实际并非如此，不过是外墙面灰色水泥石灰砂浆

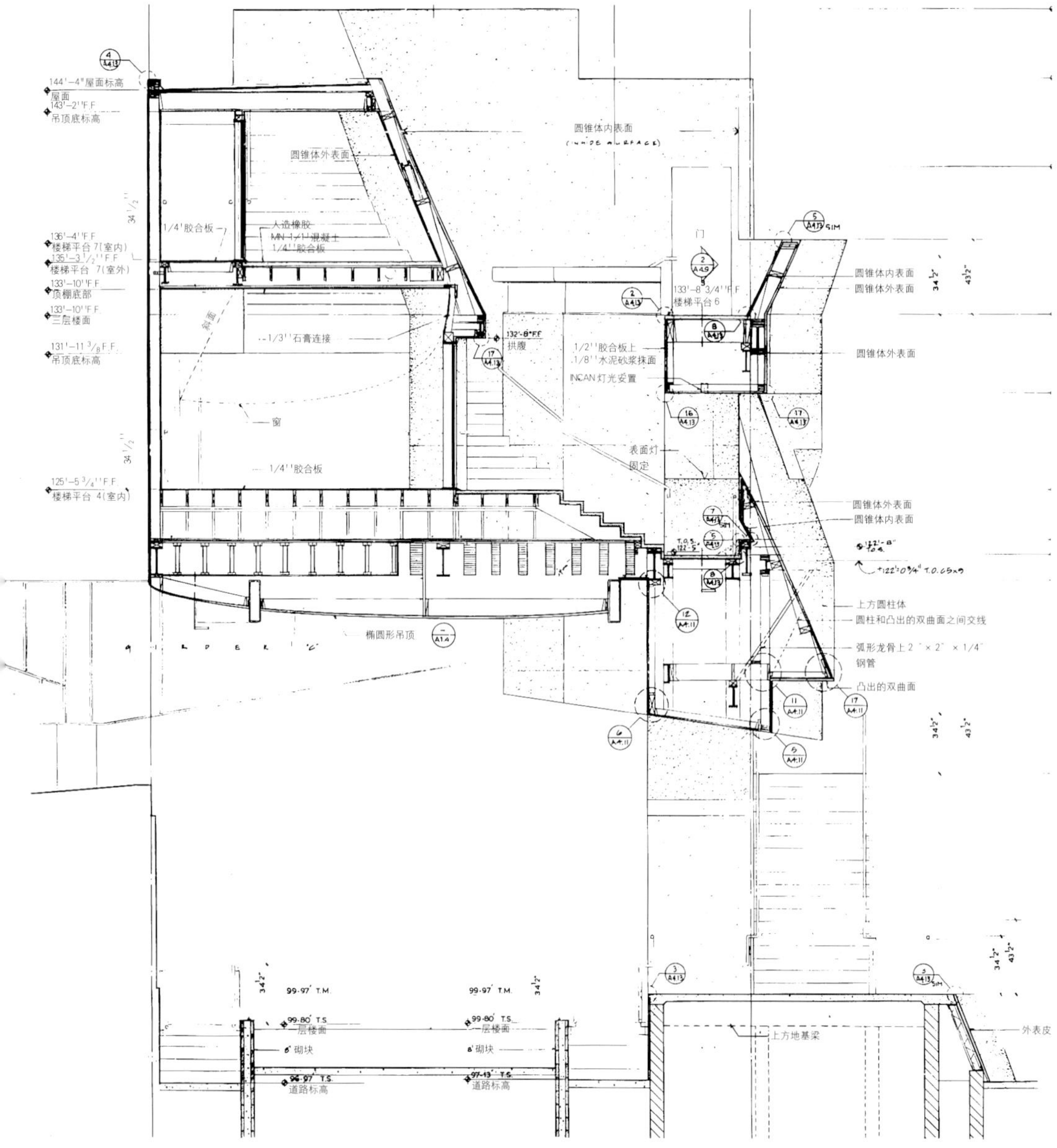

剖面

比例3/8''=1'

2

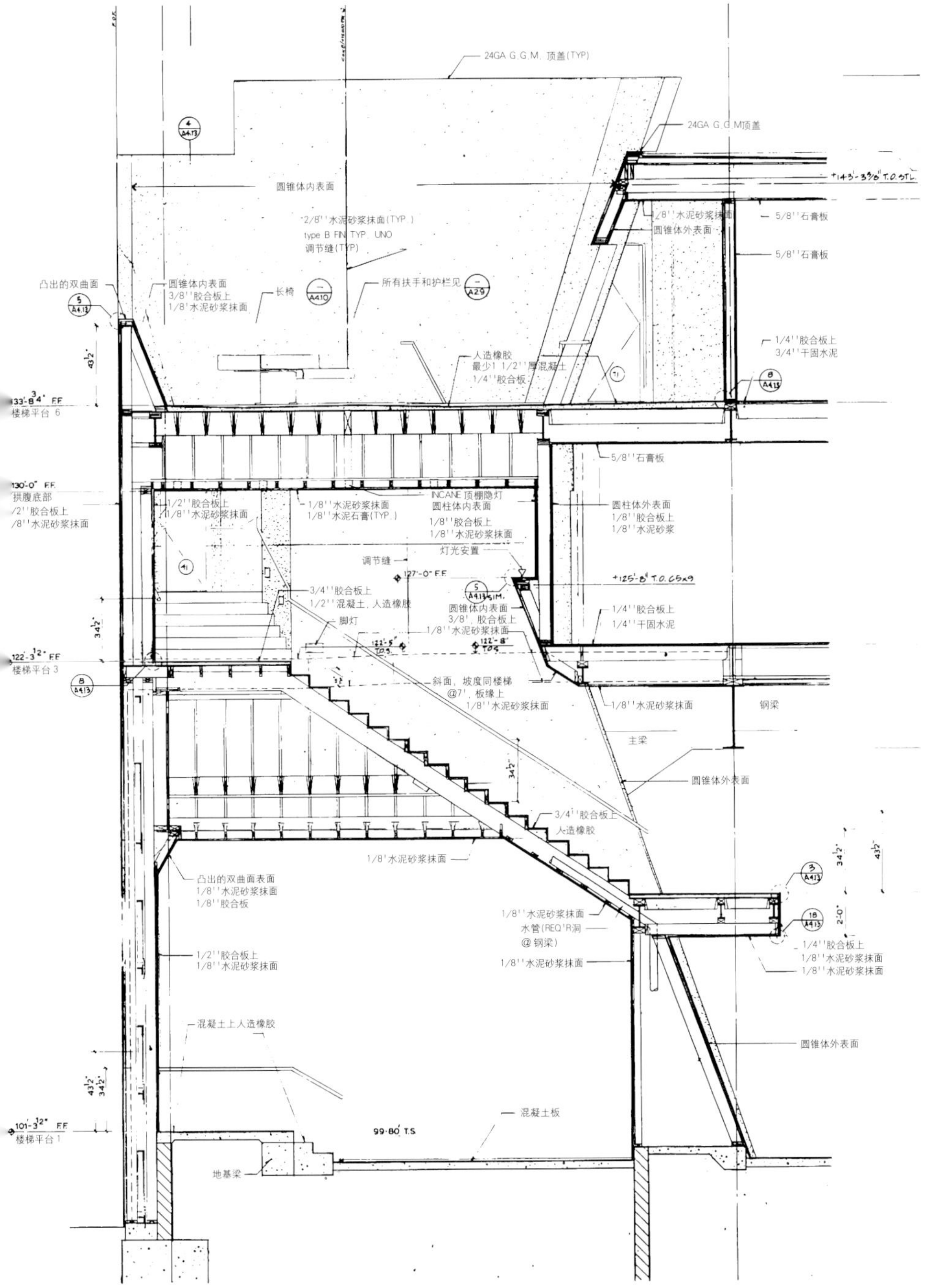

24GA G.G.M. 顶盖(TYP)
24GA G.G.M顶盖
圆锥体内表面
2/8''水泥砂浆抹面(TYP.)
type B FIN TYP. UNO
调节缝(TYP)
凸出的双曲面
圆锥体内表面
3/8''胶合板上
1/8''水泥砂浆抹面
长椅
所有扶手和护栏见
人造橡胶
最少1 1/2''厚混凝土
1/4''胶合板
2/8''水泥砂浆抹面
圆锥体外表面
5/8''石膏板
5/8''石膏板
1/4''胶合板上
3/4''干固水泥
133'-8 3/4" FF
楼梯平台 6
5/8''石膏板
130'-0" FF
拱腹底部
1/2''胶合板上
1/8''水泥砂浆抹面
1/2''胶合板上
1/8''水泥砂浆抹面
1/8''水泥砂浆抹面
1/8''水泥石膏(TYP.)
INCANE 顶棚隐灯
圆柱体内表面
1/8''胶合板上
1/8''水泥砂浆抹面
圆柱体外表面
1/8''胶合板上
1/8''水泥砂浆
灯光安置
调节缝
127'-0" FF
+125'-8" T.O.CONC
3/4''胶合板上
1/2''混凝土，人造橡胶
圆锥体内表面
3/8'，胶合板上
1/8''水泥砂浆抹面
脚灯
1/4''胶合板上
1/4''干固水泥
122'-3 1/2" FF
楼梯平台 3
斜面，坡度同楼梯
@7'，板缘上
1/8''水泥砂浆抹面
1/8''水泥砂浆抹面
钢梁
主梁
圆锥体外表面
3/4''胶合板上
人造橡胶
1/8'水泥砂浆抹面
凸出的双曲面表面
1/8''水泥砂浆抹面
1/8''胶合板
1/8''水泥砂浆抹面
水管(REQ'R洞
@钢梁)
1/8''水泥砂浆抹面
1/4''胶合板上
1/8''水泥砂浆抹面
1/8''水泥砂浆抹面
1/2''胶合板上
1/8''水泥砂浆抹面
混凝土上人造橡胶
圆锥体外表面
混凝土板
99.80' T.S
101-3 1/2" FF
楼梯平台 1
地基梁

剖面图

比例尺:3/8''=1'

底层架空，留出装货、卸货以及机动车通行的空间

28 鲁比火车站

阿德里乌 & 莫拉托

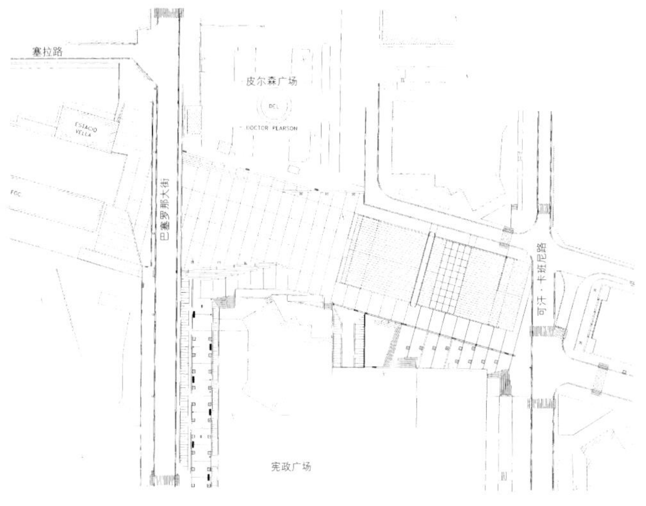

建筑师：*阿德里乌 & 莫拉托建筑事务所*
地　址：*西班牙，鲁比，皮尔森 广场*
业　主：*加泰罗尼亚自治政府铁路*
工程师：*G.P.O*
合作者：*西格弗里德·帕斯库尔，何赛·马丁斯·多斯·桑托斯，格拉西亚·博雷尔，蒙特斯·阿尔格雷*

鲁比是个小镇，新的大都会交通网把它和巴塞罗那连接在一起。当然没有铁路线在这里终止，鲁比只是个过路小站。大量的客流、巴塞罗那大街一个路口的取消以及铁路网的存在影响了鲁比火车站的布局。铁路限制了它与旧城区联系，因此这个区域的建筑明显具有孤立的特征。这些特点使得鲁比火车站有别于传统的火车站。它是一个值得注意的象征主义建筑：强有力、个性鲜明、和这个城市完全不同。

建筑师以功能作为设计的出发点，主要考虑它目前作为中间站的使用方式：中性空间，趋向于结合部分城市格局。

在这个设计中，巴塞罗那大街原先的交叉口和可汗·卡班尼桥之间的高差让建筑师做出了一个大胆的决定：把建筑放在最高点上，用单个屋面覆盖整个区域，重整交通流线，创造全新的城市空间。整个建筑有三个楼层，楼层之间存在着视觉联系，外墙立面也按照楼层划分。主门厅位于中间楼层，是入口大厅的主要组成部分，这里有玻璃盒子一样的垂直交通系统，还有售票窗口。服务区（咖啡、商店、厕所）像吧台沿整个建筑通长布置。这样在中央区域——候车室里可以不受干扰地看到位于最下层的铁轨。鲁比火车站避开了城市肌理的干扰，它的几何形状类似铁路网的形状，它的功能也模拟了轨道的功能。这个工程最具表现力的是屋面：它覆盖在向外延伸的墙面上。

总平面图

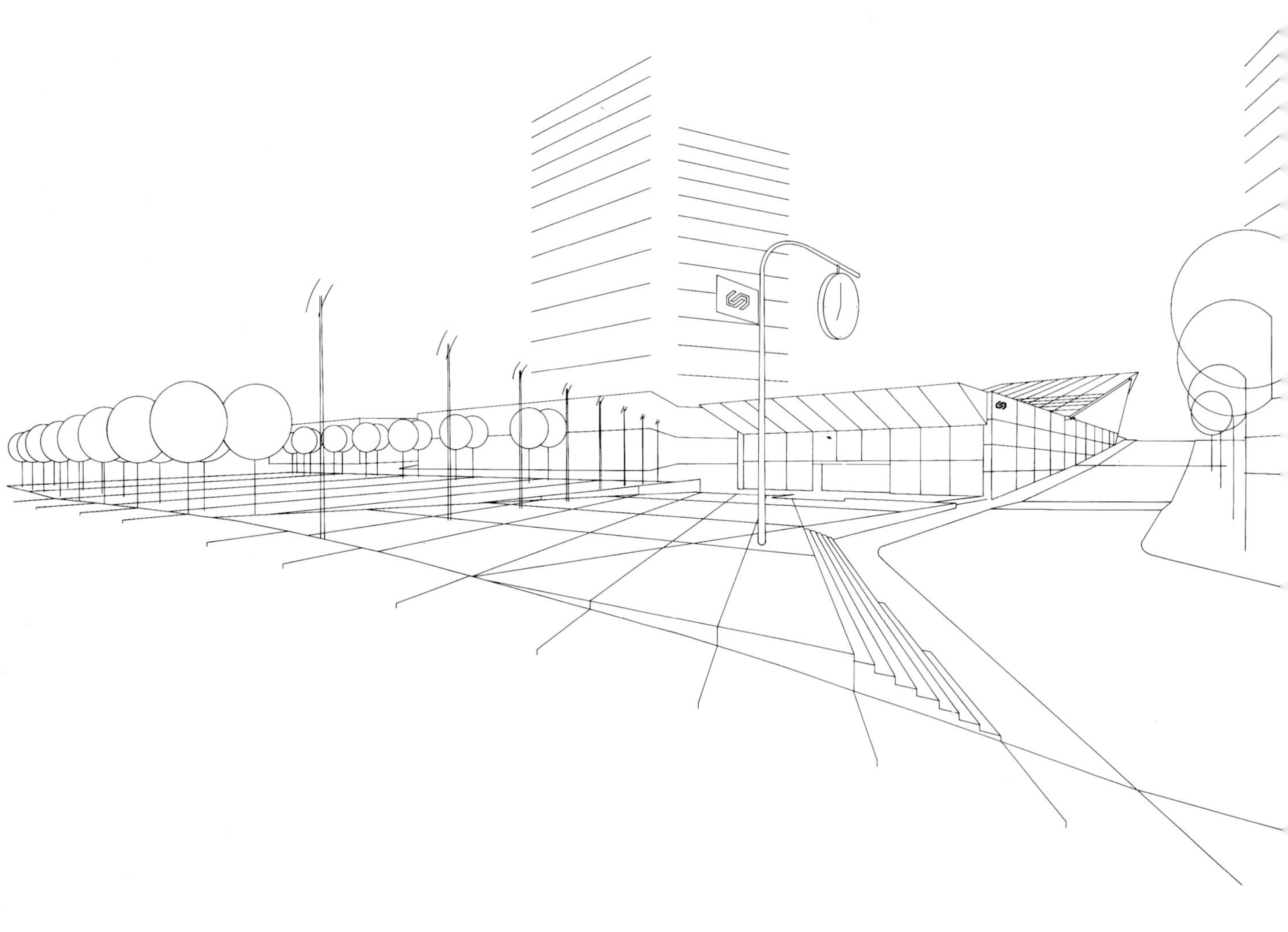

透视图。鲁比(靠近巴塞罗那)火车站位于两幢高层公寓附近。A&M决定利用这个项目整合周围建筑的关系，因此在火车站正前方设计了一个小广场

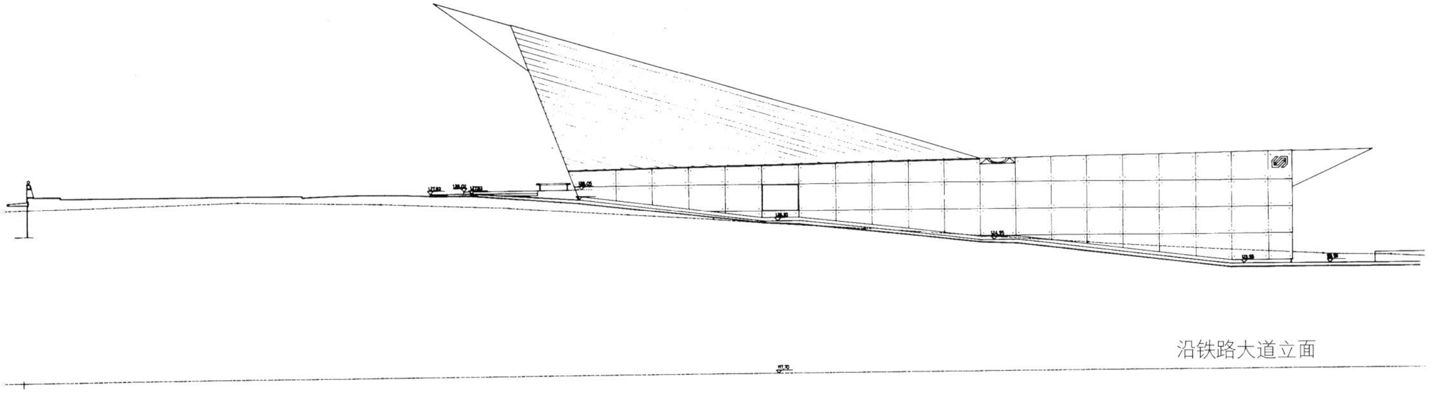

沿铁路大道立面

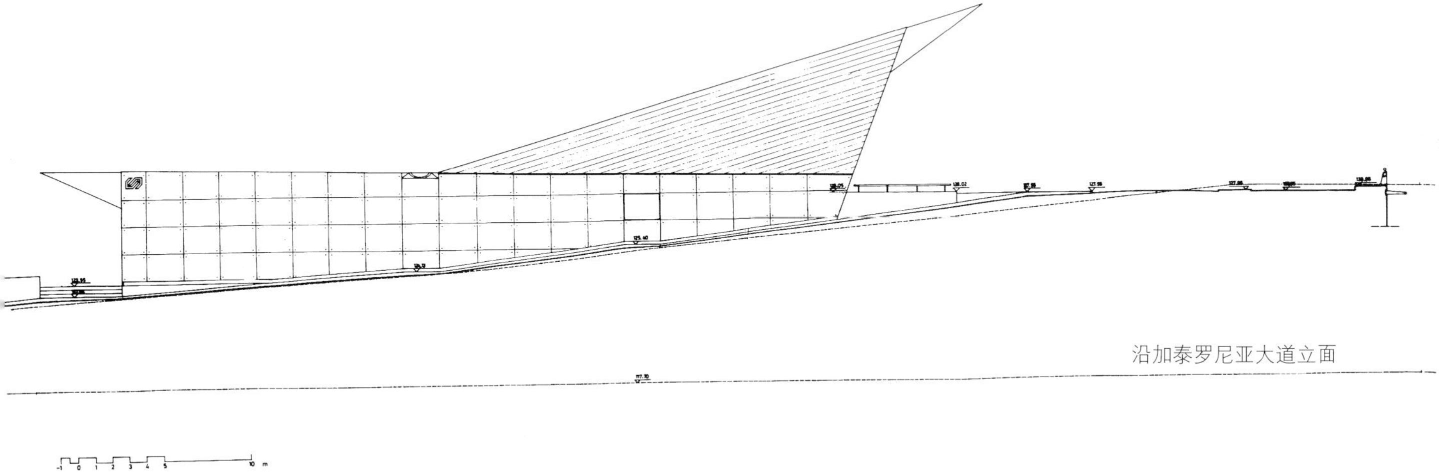

沿加泰罗尼亚大道立面

立面图。建筑师将火车站作为街道的入口和广场的延伸来考虑。屋顶和侧墙——建筑形象的限定性要素，用完全不同的材料制作

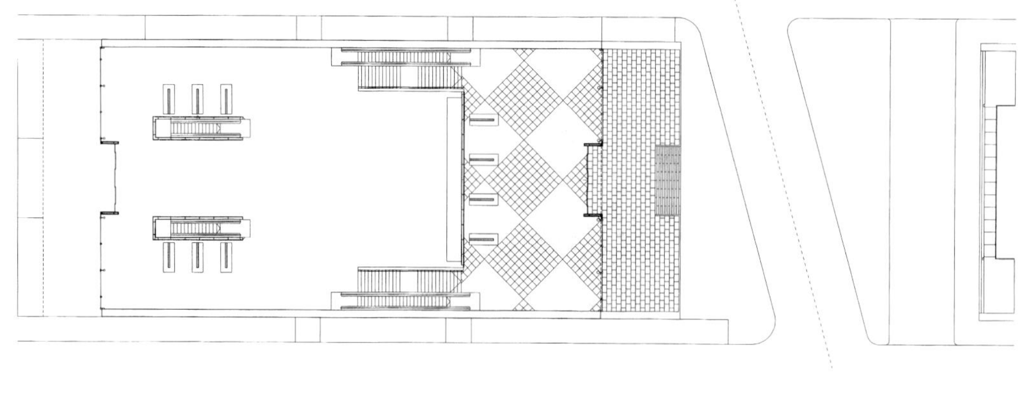

三层平面图

0 1 2 3 4 5 10

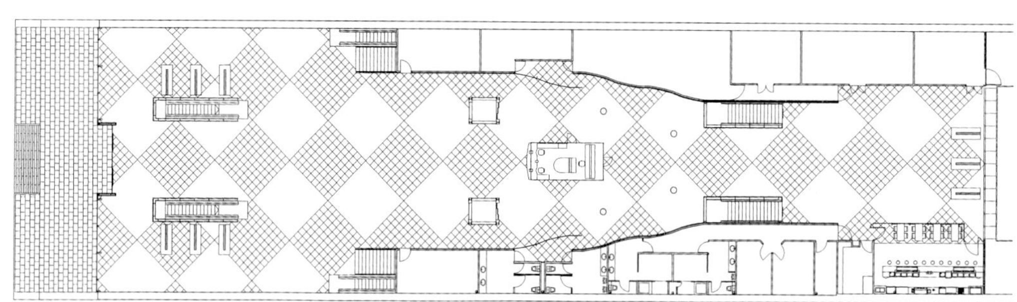

二层平面图

0 1 2 3 4 5 10

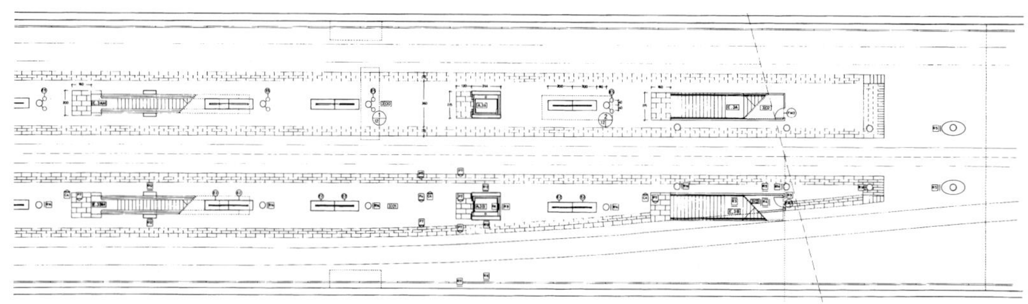

人行道层平面图

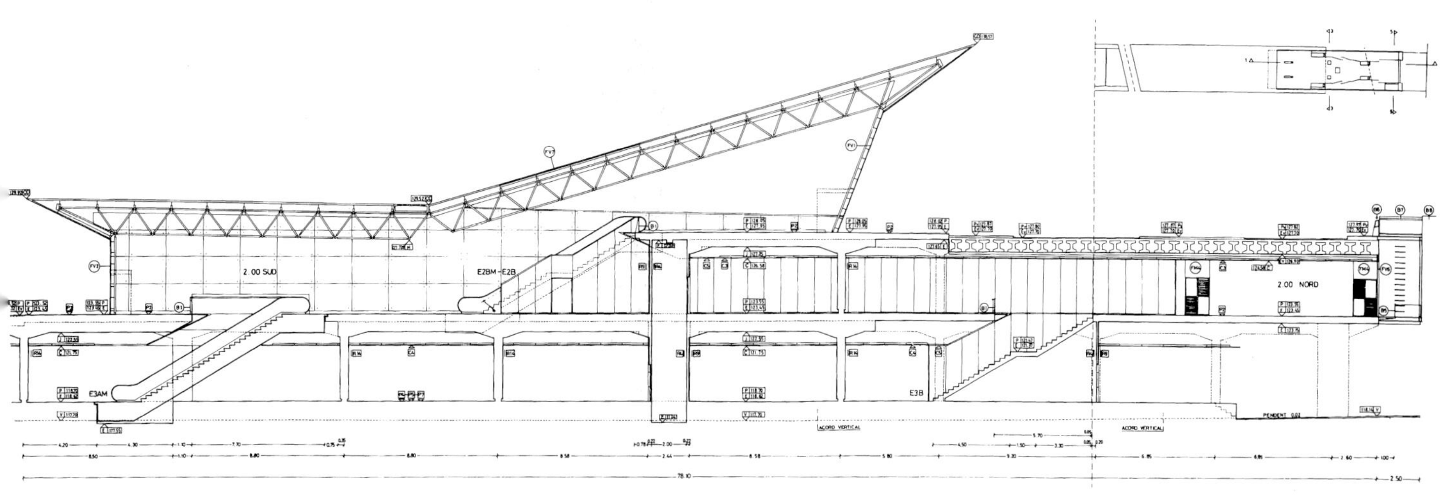

2.00 SUD
E2BM - E2B
2.00 NORD
E3AM
E3B
ACORD VERTICAL
78.10

纵剖面图

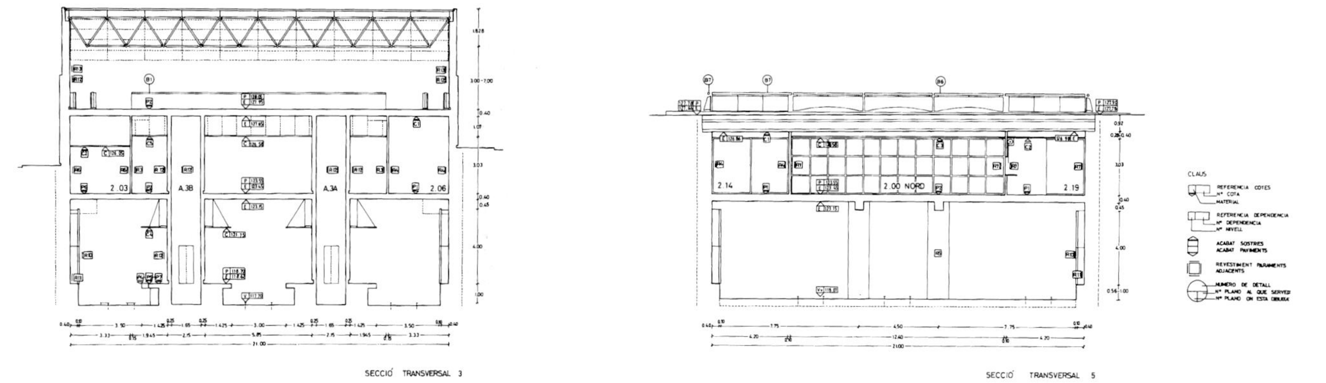

2.03
A.3B
A.3A
2.06
21.00
SECCIÓ TRANSVERSAL 3
2.14
2.00 NORD
2.19
SECCIÓ TRANSVERSAL 5
CLAUS
REFERENCIA COTES
Nº COTA
MATERIAL
REFERENCIA DEPENDENCIA
Nº DEPENDENCIA
Nº NIVELL
ACABAT SOSTRES
ACABAT PAVIMENTS
REVESTIMENT PARAMENTS ADJACENTS
NUMERO DE DETALL
Nº PLANO AL QUE SERVEIX
Nº PLANO ON ESTA DIBUIXAT

横剖面图

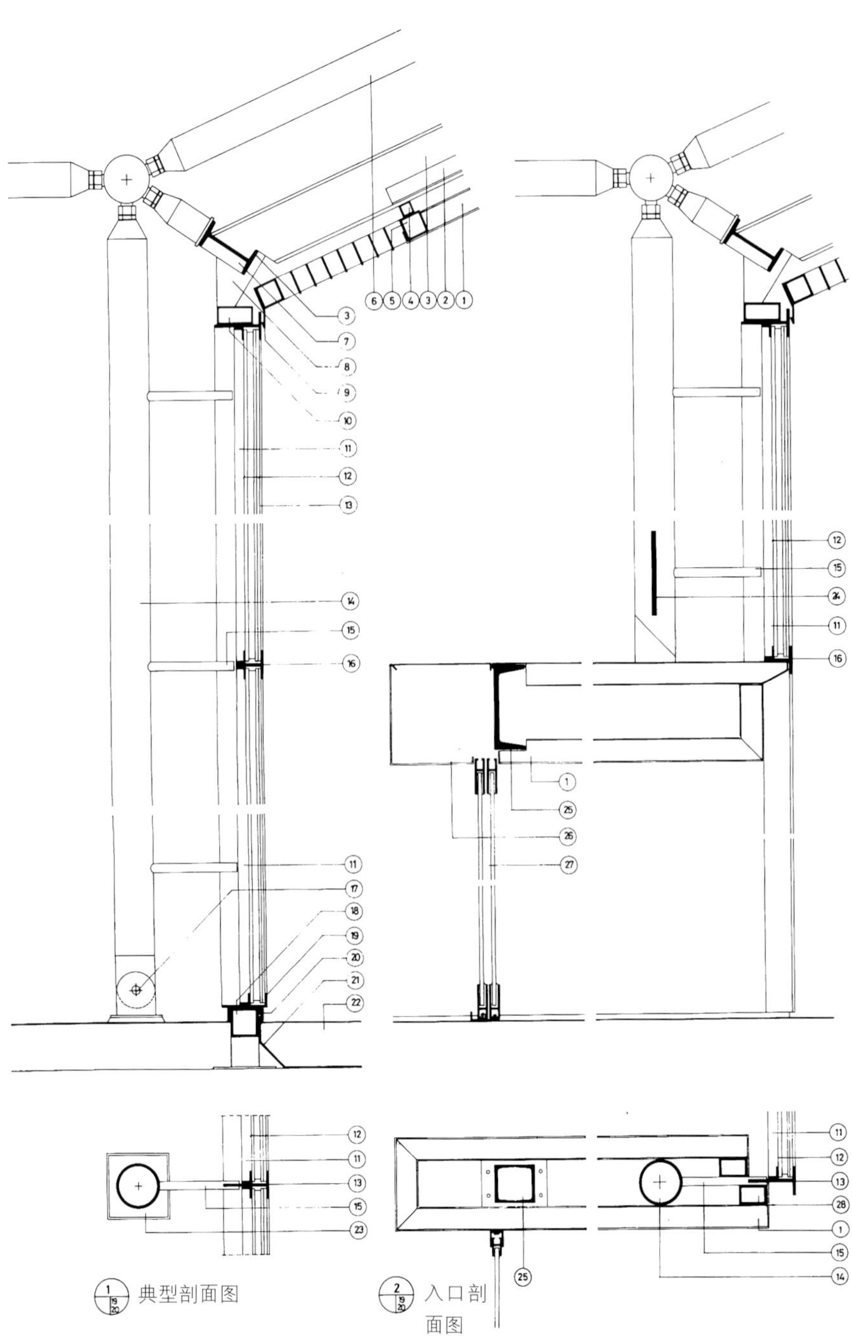

典型剖面图

入口剖面图

1. 50mm 宽屋面板（罗伯逊1000－v Formawall板），隐性镀锌扣件，刷灰漆，膨胀聚氨酯固定，硅酮垫圈
2. 1mm 厚白色镀锌花饰钢板
3. 层压板桁条（IPN 120）
4. mm：40 × 40 × 2 管状镀锌托梁支承楼板
5. Trox 格栅
6. Orona 钢丝网，Ortz 节点 @ 2115mm，75 度角，白色环氧塑料保护层
7. 100mm 厚加劲板
8. 铁板锚固
9. 1.5mm厚不锈钢排水管
10. mm：80 × 40 × 3 镀锌扁方钢管
11. mm：25 × 25 × 3 不锈钢带
12. 玻璃，按 210cm × 210cm 模数划分，lower modules，真空隔热玻璃，3+3/12/6+6
13. mm：100 × 50 × 5 不锈钢型钢
14. 不锈钢连接杆
16. mm：60 × 60 × 5 不锈钢横梁
17. 不锈钢球窝接头
18. mm：60 × 60 × 3 镀锌钢管
19. mm：100 × 30 × 5 不锈钢下横梁
20. mm：30 × 3 铁板
21. 双层防水片
22. 细纹水磨石地面，mm：100 × 100 × 3 焊接于承重结构
23. 不锈钢球窝接头
24. 支撑结构
25. 推拉门门框支架，UPN180过梁，UPN80柱子
26. 推拉门固定装置盖板
27. 自动推拉门
28. mm：40 × 40 × 2 镀锌型钢
29. 镀锌钢锚固构件
30. 镀锌楼板托梁
31. 10mm 工字钢压制

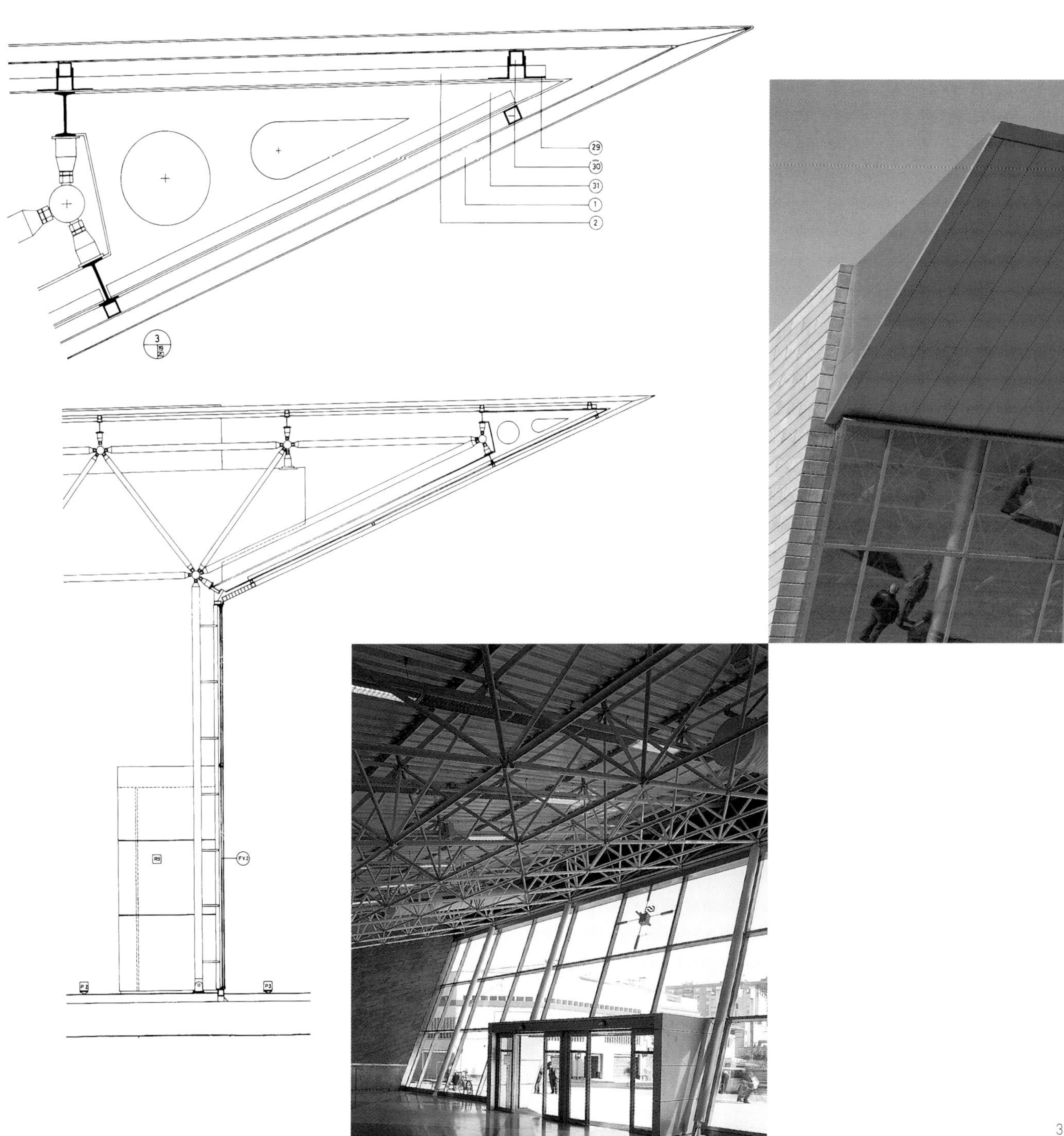
29
30
31
1
2
3
FV2
R9
P2
P3

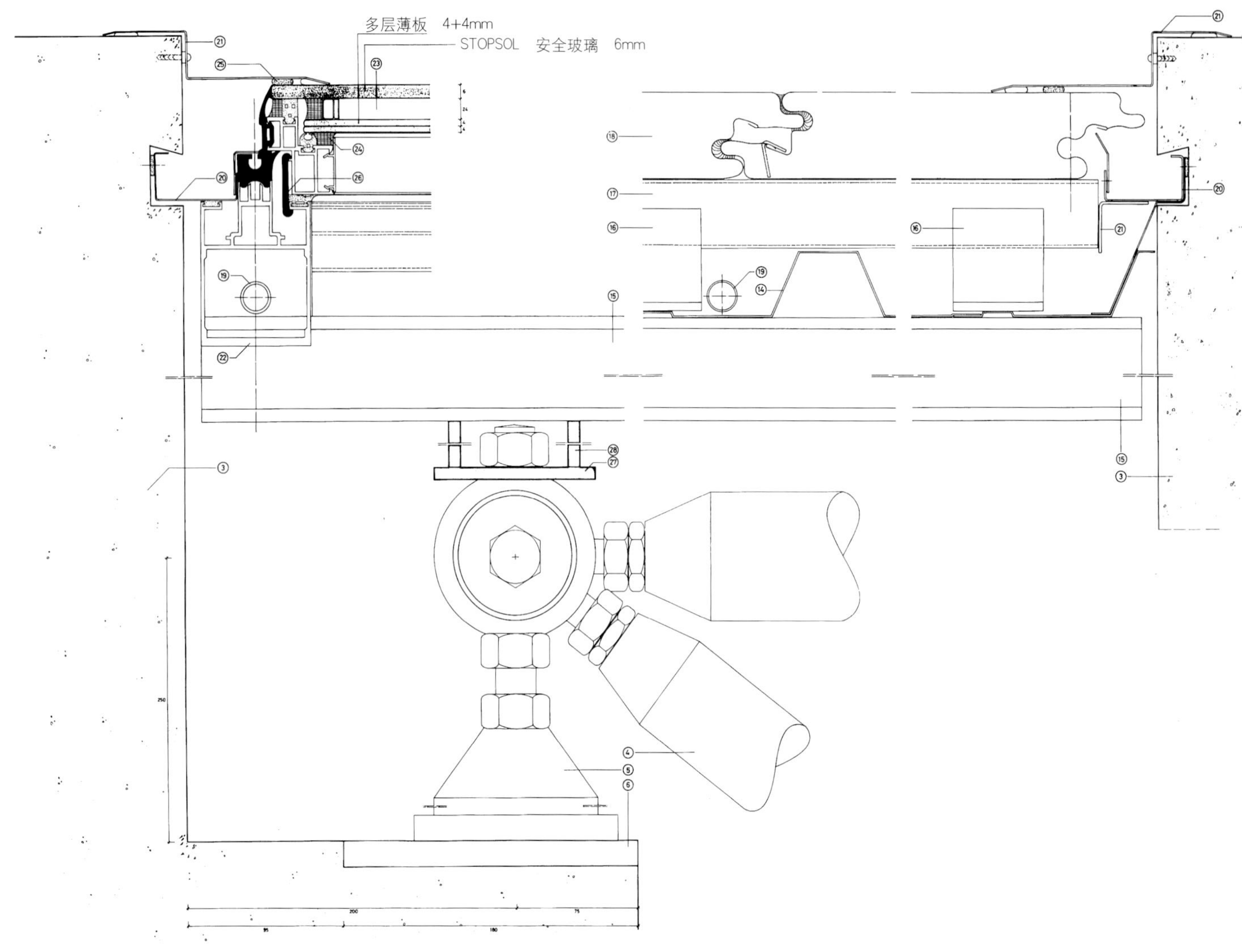

多层薄板 4+4mm
STOPSOL 安全玻璃 6mm

屋面和天窗详图

1. 铸铁水落管
2. 25mm 钻孔
3. 混凝土墙
4. Orona 钢丝网，Ortz 节点 @ 2115mm，75 度角，白色环氧塑料保护层
5. 可调节网架支座
6. mm：180 × 180 × 15 预埋镀锌钢板
7. 排水管固定于墙体
8. 镀锌钢板开孔，密封垫片
9. 密封垫片
10. 双层防水片
11. 2mm 厚铅板，焊接垫片
14. 1mm 厚白色硝基漆镀锌网纹铁板
15. ZPN120 型材桁条，环氧塑料保护层
16. mm：60 × 60 × 60 镀锌钢板锚固
17. mm：40 × 40 × 2 管状镀锌楼板托梁
18. 50mm 宽屋面板（罗伯逊 Robertson 的 1000–v Formawall 板），隐性镀锌扣件，刷灰漆，膨胀聚氨酯固定，硅酮垫圈
19. PVC 管
20. 1mm 厚镀锌钢板天沟
21. 1mm 厚镀锌型钢，预先刷漆
22. 喷漆铝型材底部
23. 倾斜天窗，每块 mm：210 × 210，喷漆铝型材
    6mm 灰色平板玻璃，外层玻璃
    24mm 空气间层
    4 + 4mm 抛光平板玻璃，内层玻璃
24. DC–983 硅酮结构胶
25. M3–M6 硅酮
26. 氯丁(二烯)橡胶弹性嵌条
27. 结构节点上 mm：100 × 100 × 10 镀锌钢板，环氧塑料保护层
28. IPN100

38

海之博物馆

内藤广

建筑师：*内藤广*
地　址：*日本*
协　作：渡边仁志，川村延伸，渡边邦男

内藤广的作品不事浮夸，具有严肃的特征。不受教条约束的理性是他的基本原则。他的作品具有简单的几何形状和清晰的内部结构，而且从不在材料上作假。

与其说这个博物馆产生于独特的条件，不如说从一开始起所有的决定都源自一个确切的概念，一个潜在的原型。考虑到博物馆展出的是木制渔船（从原始的独木舟到更复杂的大型船只的模型），这个原型显然应该是"船"。博物馆的室内象征着鲸鱼的肚子，虽然有的参观者认为它更像船的龙骨。博物馆的外形像藏屋——一种日本传统仓库，室内展览厅让人想起纳屋——一种典型的日本谷仓。这些形象曾经是建筑师设计的源泉，现在却浮现在参观者的脑海中。

"当我带人们来这个博物馆时，每个人似乎都由此想像出不同的东西。鲸鱼的胃，或者船的龙骨，储藏室的外表像藏屋，一种传统的日本仓库，展览厅像一个大的纳屋，一种日本风格的谷仓。"

仓库（结构上类似于藏屋）是由预制钢筋混凝土做成的，屋顶覆以传统的瓦。由于基地靠近海洋，海水会迅速腐蚀金属，因此金属材料在这里并不适用。

龙骨的形状产生于对受力的考虑。展览厅最终的形状显示出这些力在高处合并到一个点，从那里产生许多从楼板一直延伸到地面的肋骨。尽管这个有机形象产生得很自然，建筑师仍然严格按照理性和经济性的原则做出所有的决定，从而创造出最终的形式。

北立面图

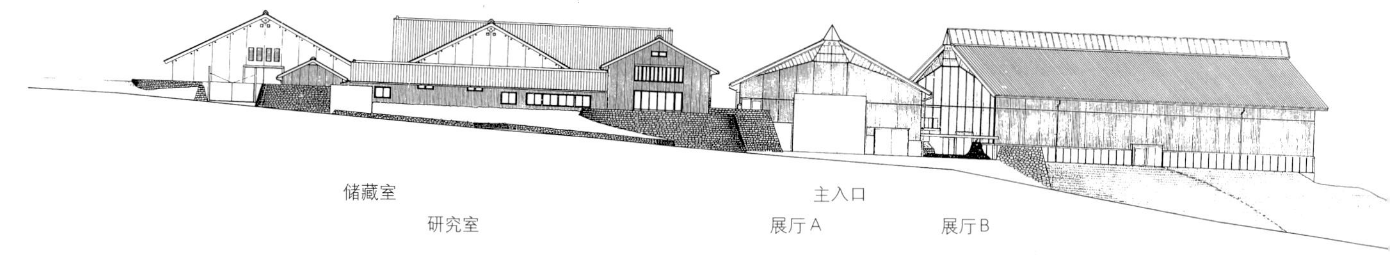

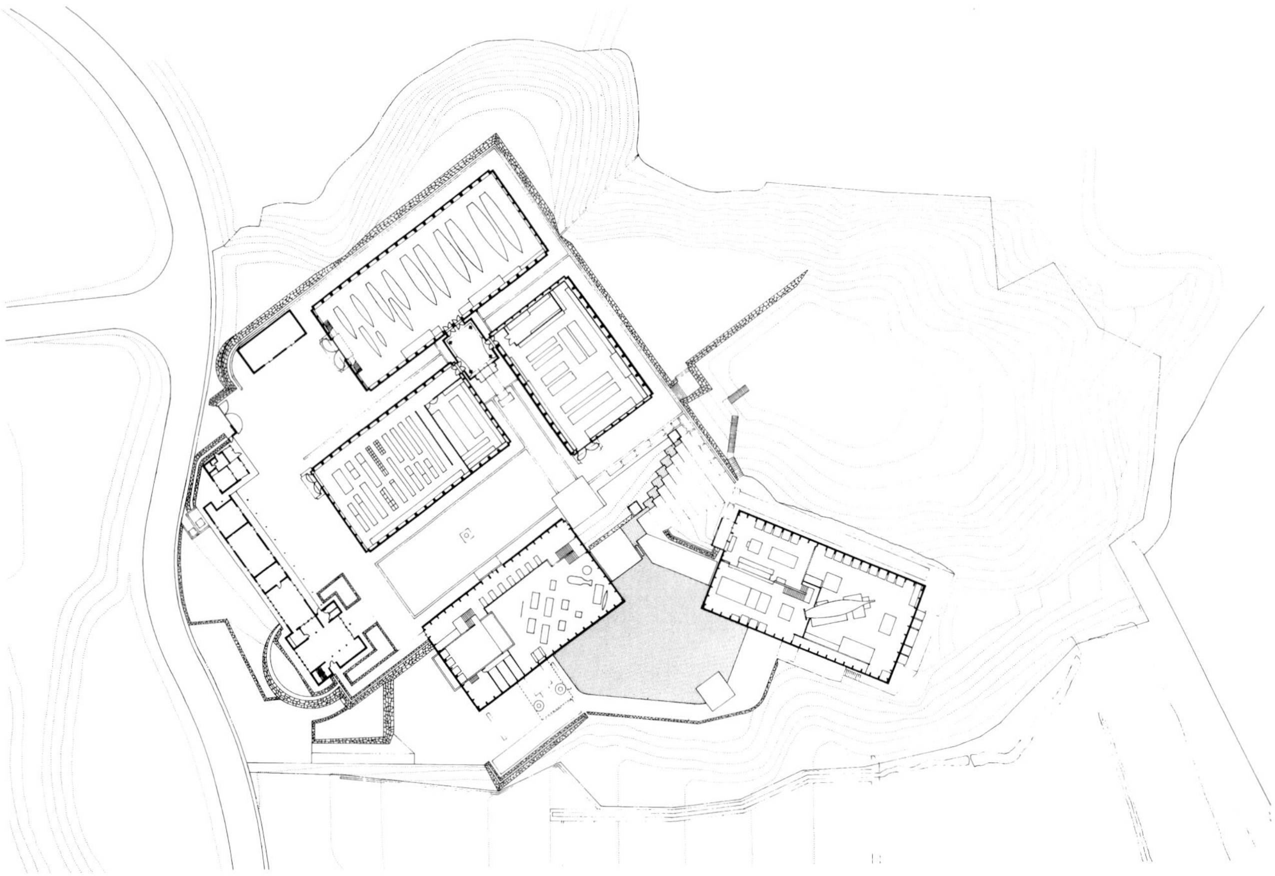

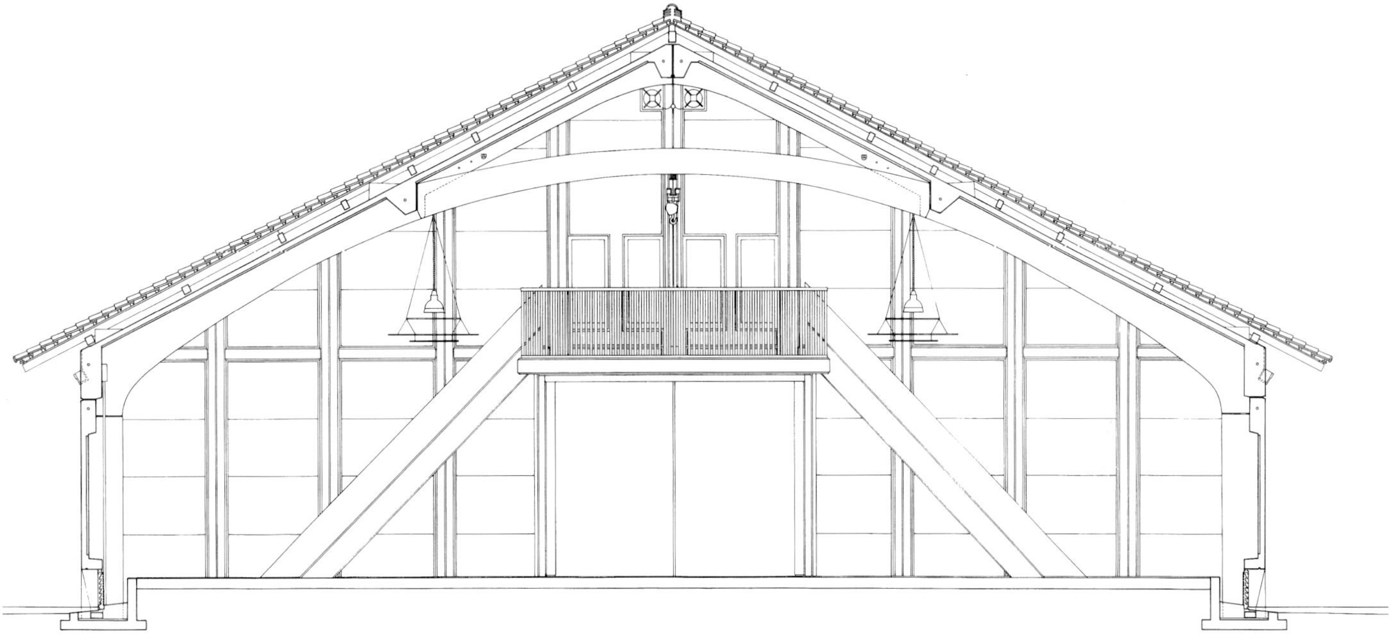

展厅A

总平面图

储藏室

1. 门厅
2. 房间A(储藏鱼网)
3. 房间B(储藏服装、资料)
4. 房间C(储藏盆、木桶、筐)
5. 房间D(储藏渔具)
6. 房间E(储藏船只)

展览厅

7. 展厅A
8. 展厅B
9. 主入口
10. 水广场
11. 庭院

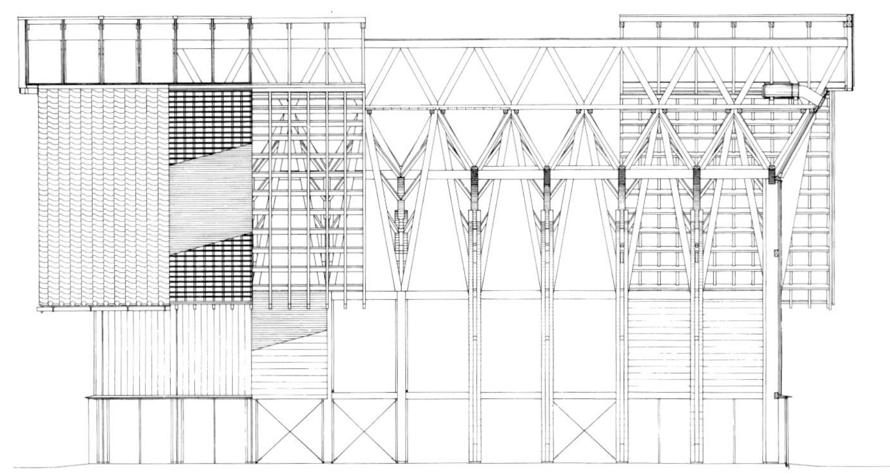

展厅的构造图解

这个建筑的室内形象和木制结构可能会让人想起传统建筑，但是建筑师强调自己是严格按照经济性和功能性的标准来设计木肋骨的。

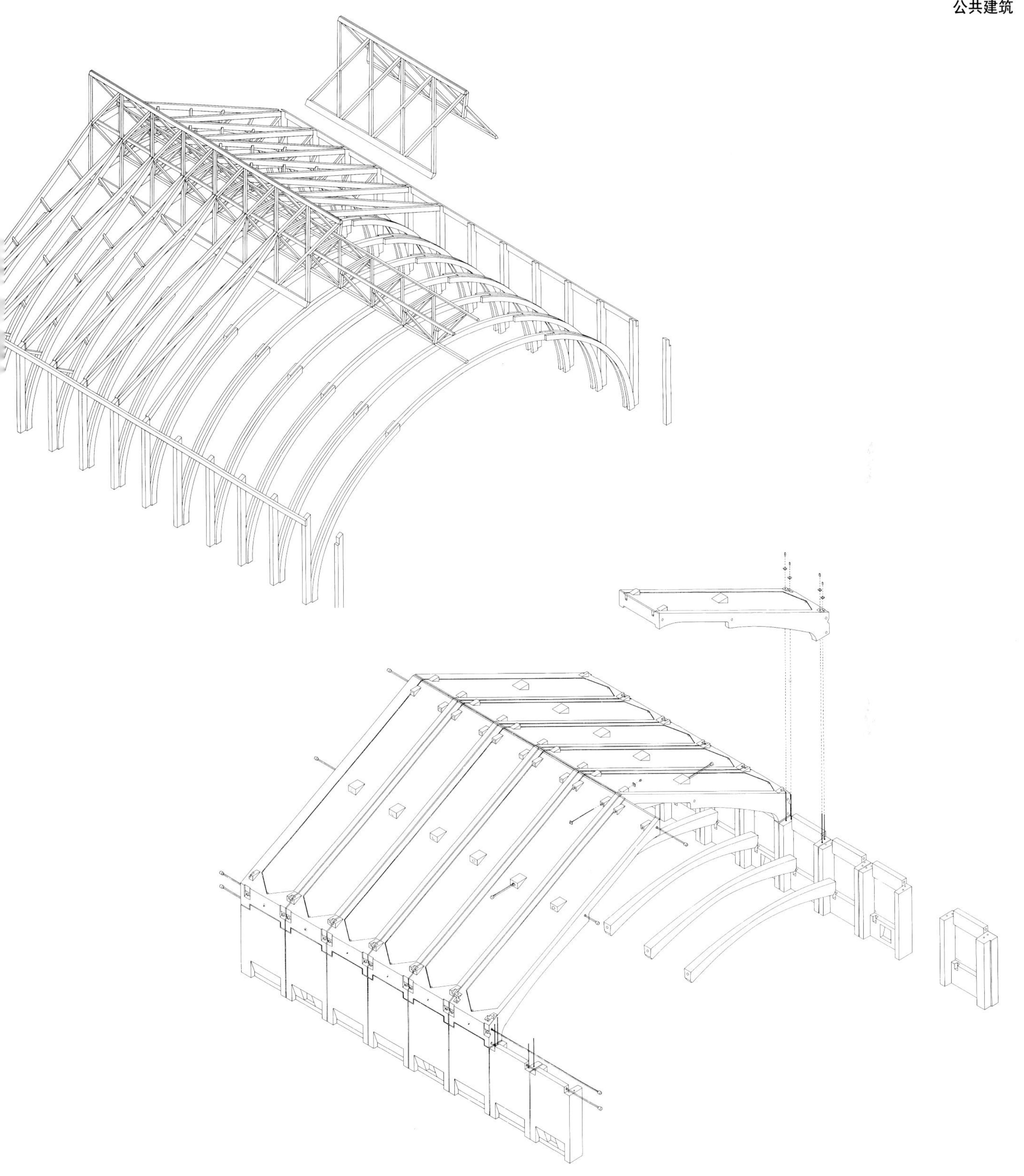

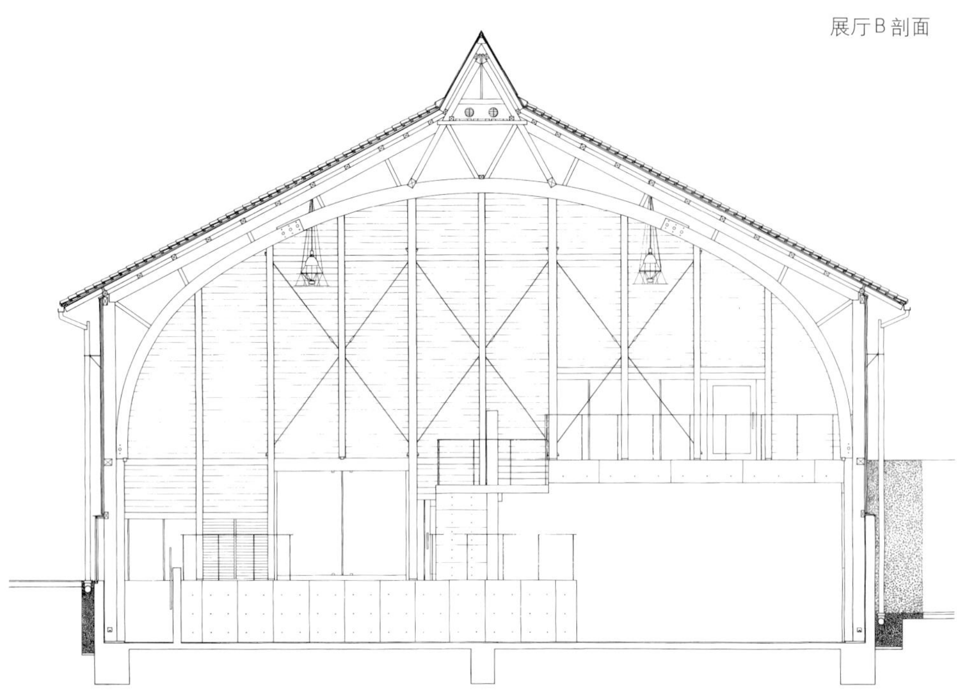

展厅B剖面

立面详图

1. 屋面结构:
   瓦，带挂瓦条
   密封板
   35mm × 45mm 带顺水条的挂瓦条
   45mm 厚隔热层
   15mm 松木镶板
   60mm × 120mm 椽条
   120mm × 150mm 檩条

2. 墙体结构:
   32mm 垂直松木镶板
   水平松木镶板

3. 铺面板:
   钢筋混凝土基础
   3mm 厚铝板

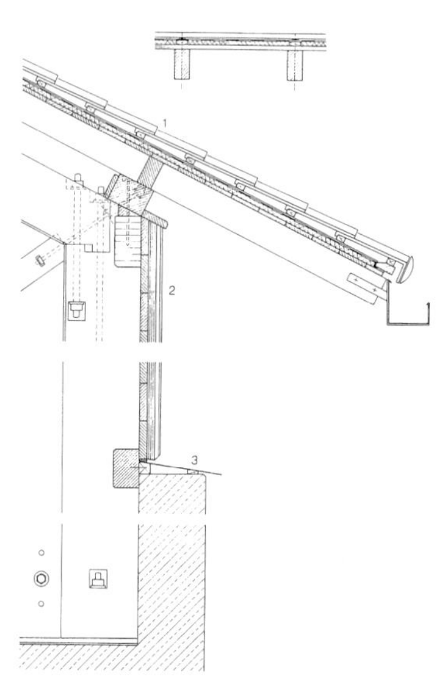

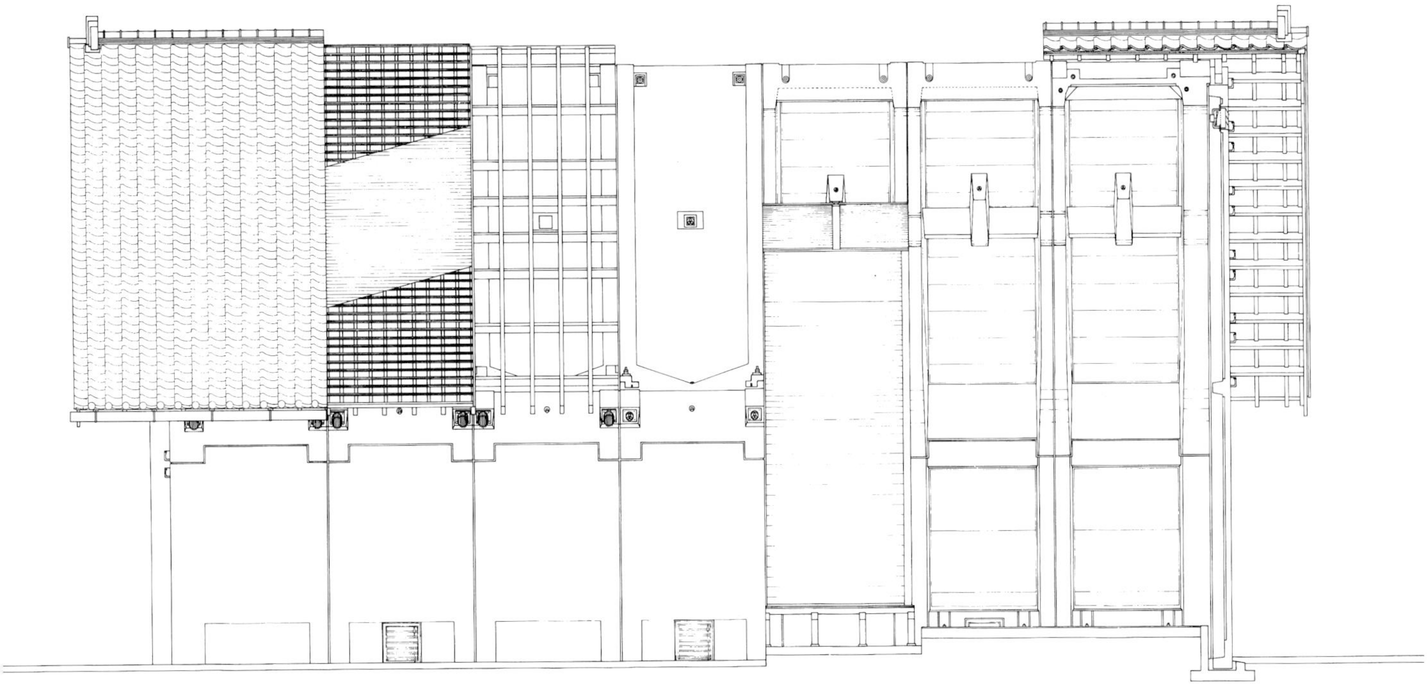

储藏室构造图解

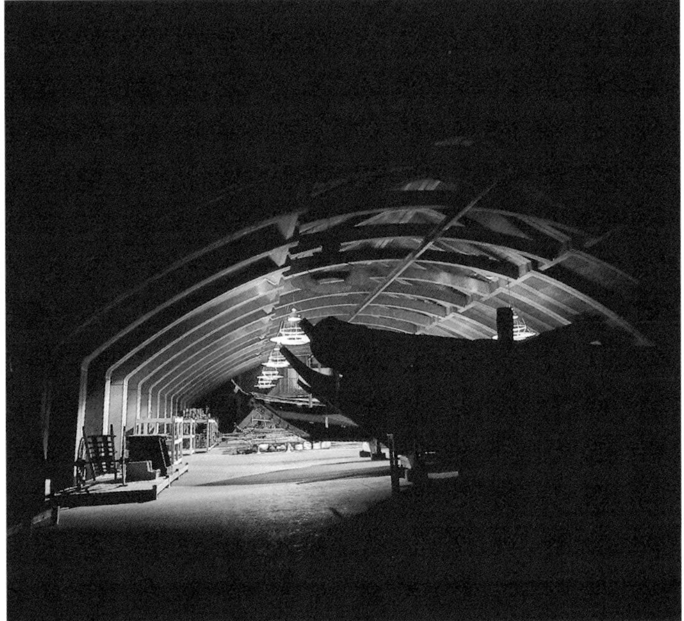

博物馆分期建造，仓库是最先建造的，完工于1989年，三年后展览厅施工完毕

48

莱比锡展览中心

冯·格康 + 马格

建　筑　师：*冯·格康＋玛格*
地　　　址：*德国，莱比锡*
建 筑 面 积：*215,000平方英尺*
业　　　主：*莱比锡会展有限公司*
结构工程师：*HL–Technik，伊恩·里奇事务所*
景观建筑师：*韦贝格，埃平格，施米特克*

人们普遍认为莱比锡新展览中心的建设在政治上引导着德国东部的重建：展览中心的实施方案是通过国际投标产生的，18个事务所参加了这次投标，其中包括贝尼施及其合伙人，理查德·罗杰斯事务所，OMA，施托希＋埃勒斯以及茹尔当＋穆勒。

建筑基址位于航空线路、铁路、高速公路和次级道路系统的交汇处。在这个前空港基地内，一个崭新的城市商业区正在形成。带形展览公园位于一个开挖出来的基地里。该基地大约长2km，宽250m，深5m，西面连接火车站，东面连接观众停车场，贯穿整个展览区。这样展览建筑和展览公园就连成了一体。

莱比锡是一个历史悠久的展览会城市，建筑师把它的全盛时期作为设计的母题。巨大的反射池源于莱比锡大会战纪念碑，宏伟的圆拱玻璃屋面结构来自莱比锡火车站（这个圆拱至今仍居欧洲之最）。圆拱玻璃还直接指向19世纪的"水晶宫"，是公园的核心。长250m、高30m、宽80m的桶形圆拱建筑代表了20世纪末玻璃－钢结构的"艺术之邦"。

无框的点式玻璃幕墙消弥了纪念性室内空间的物质形式。外面的空间构架是一个完全自承重的壳状结构，通过每25m附加的联系拱增加它抵抗风荷载和雪荷载的能力。

正方形展览厅总面积215000平方英尺（约19973m^2），全空调，设计成比较暗的展览工作室。大货车通过巨大的垂直滑动门进入，展厅可以进一步通过移动隔墙划分。

会议中心提供了集会和展示的大厅。那个显眼的烟囱是个高80m的标志性建筑，像一个钟塔。它的钢结构和水晶宫一样优雅，展现了精巧而纯净的节点。展览中心的传统标志是"MM"，即"Muster–Messe"，意思是博览会的典范，它将成为未来人性化展览这个设计理念的主题词。

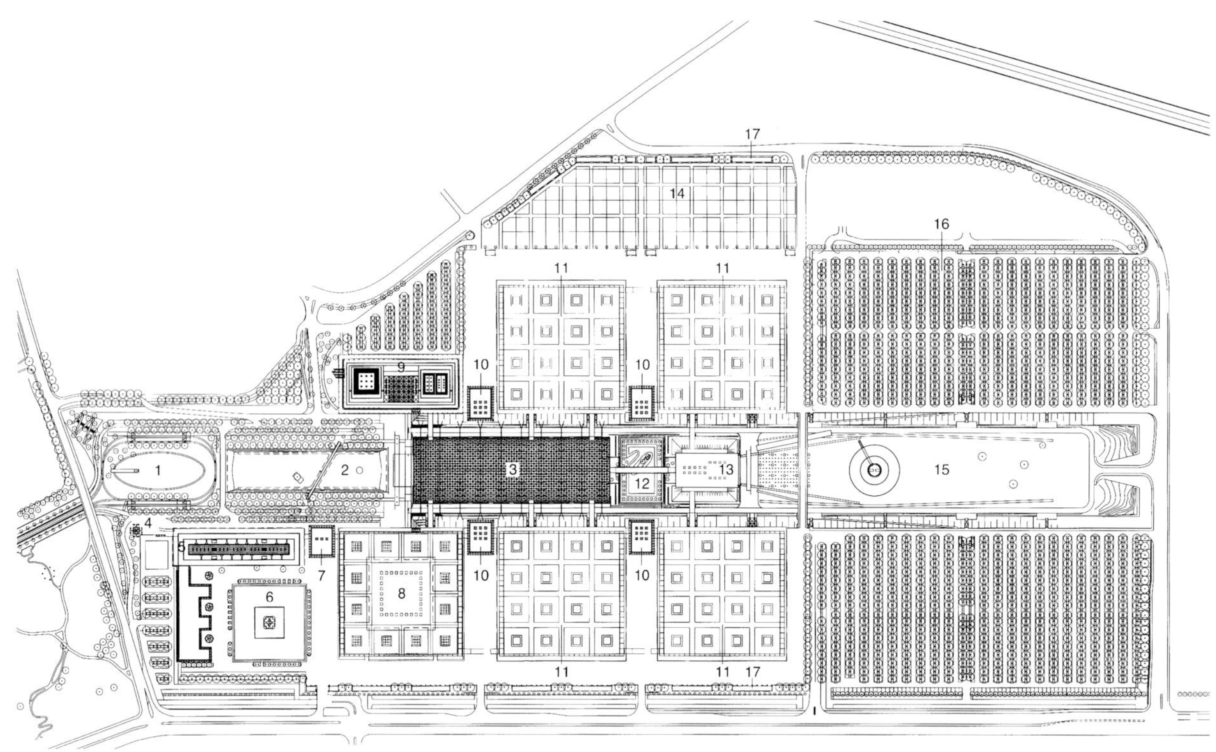

总平面图. 比例：1：8000

1. 展览中心入口
2. 水池
3. 西入口大厅
4. 塔
5. 管理
6. 船舶中心
7. 会场
8. 展览场
9. 会议中心
10. 餐厅
11. 展览厅
12. 公园
13. 东入口大厅
14. 室外展览
15. 东公园
16. 停车场
17. 设备用房

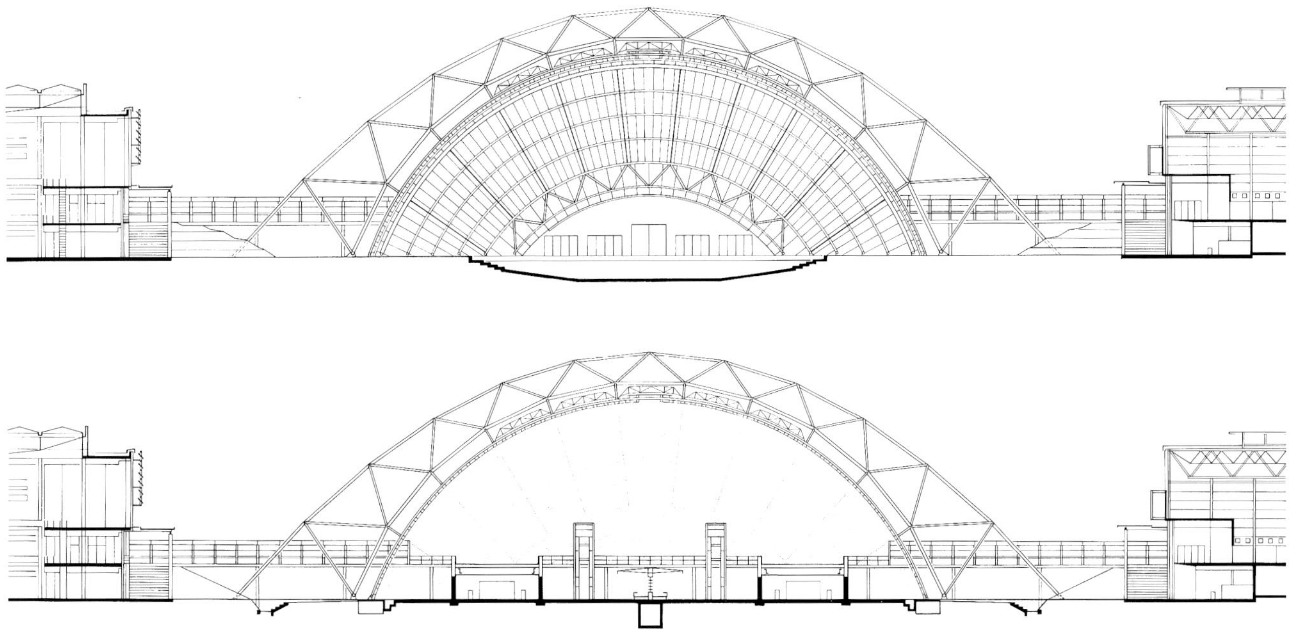

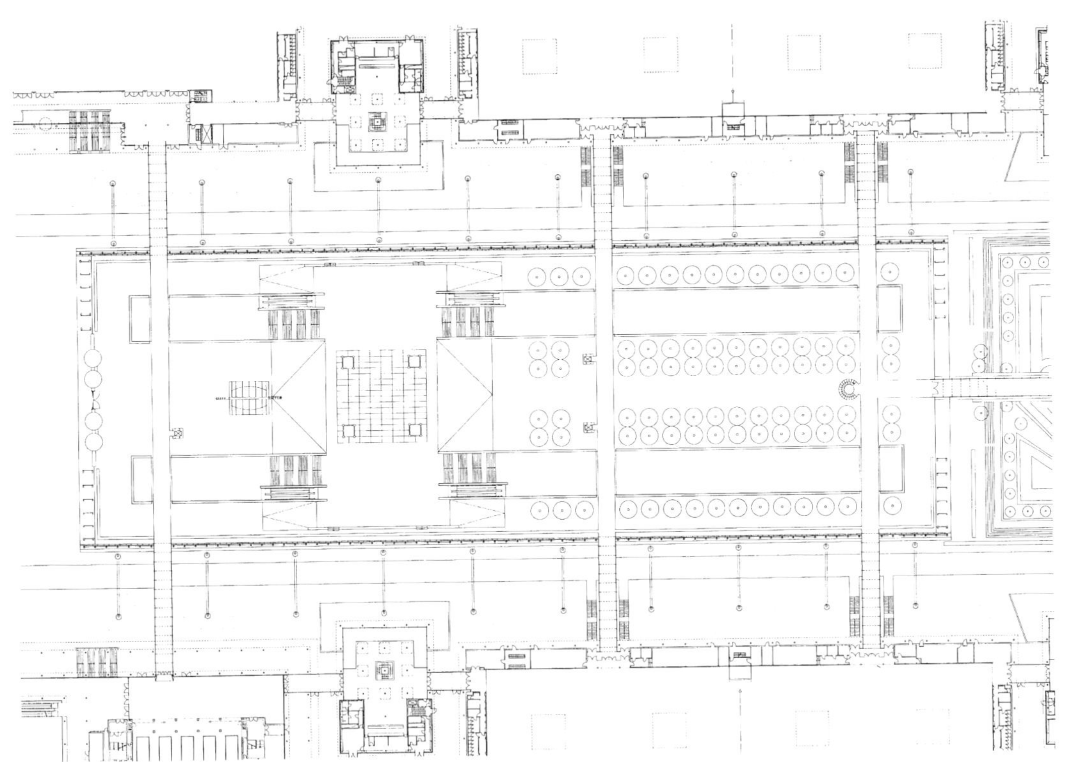

详图

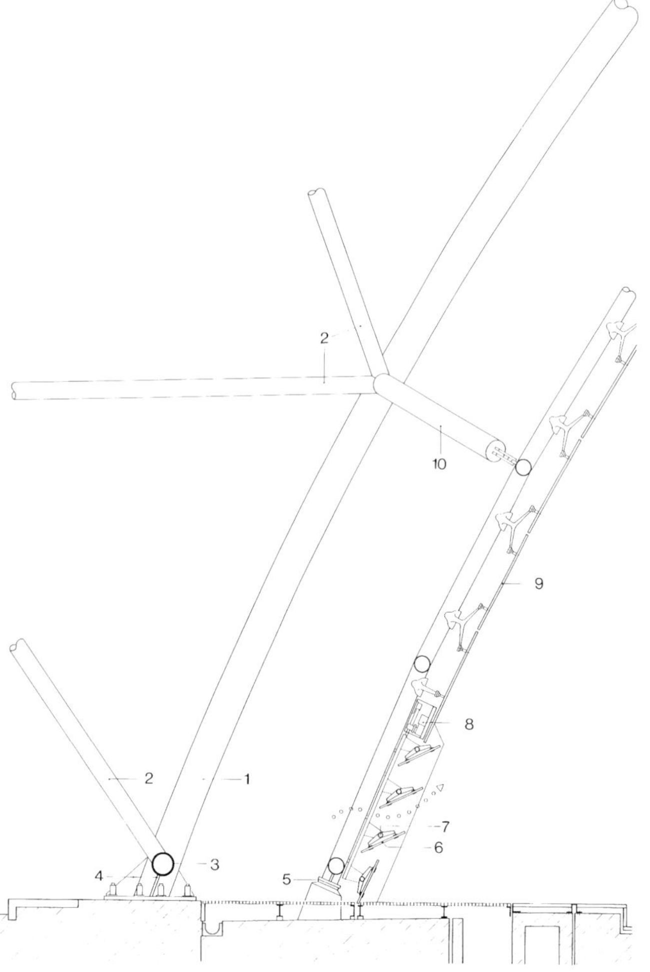

中央大厅的构造剖面图　1:100
有通风带的卸货台

1. ϕ 473 × 16mm 钢管
2. ϕ 244.5 × 8mm 钢管
3. ϕ 318 × 12.5mm 钢管
4. 3mm 螺钉
5. 滑动支座
6. 10mm ESG 玻璃条
7. 旋转轴

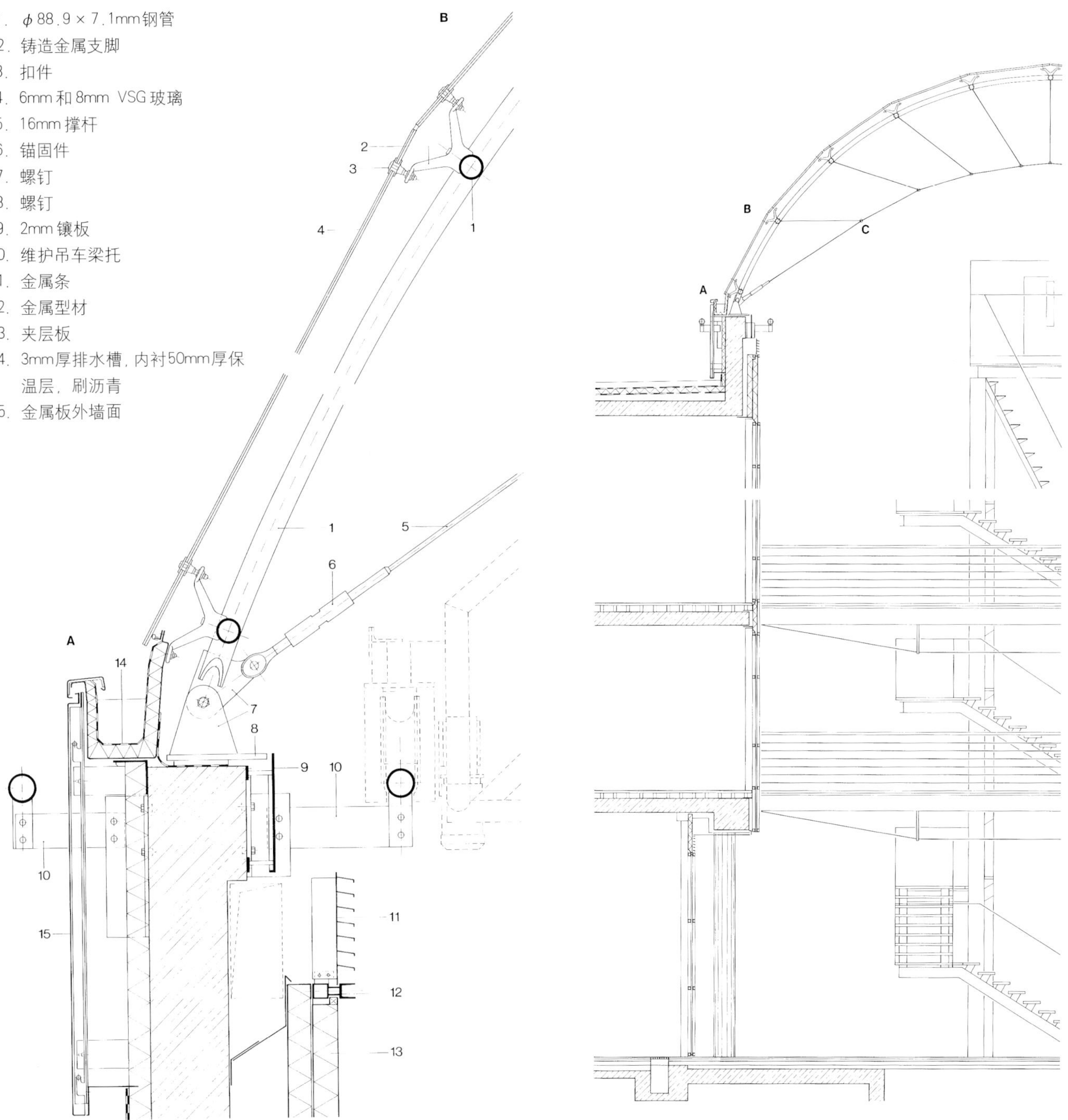
1. φ88.9×7.1mm钢管
2. 铸造金属支脚
3. 扣件
4. 6mm和8mm VSG玻璃
5. 16mm撑杆
6. 锚固件
7. 螺钉
8. 螺钉
9. 2mm镶板
10. 维护吊车梁托
11. 金属条
12. 金属型材
13. 夹层板
14. 3mm厚排水槽，内衬50mm厚保温层，刷沥青
15. 金属板外墙面
A
B
C

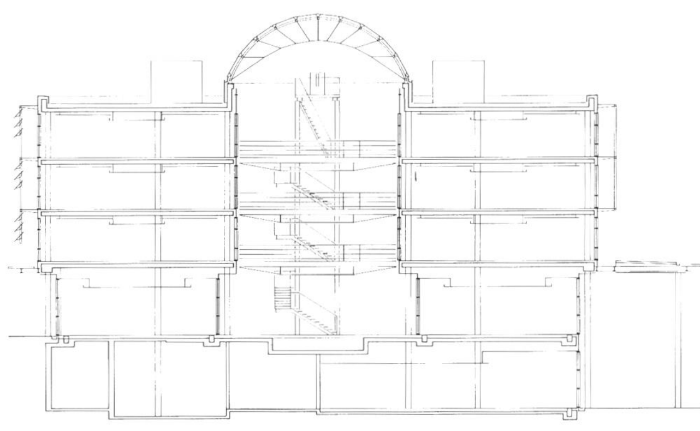

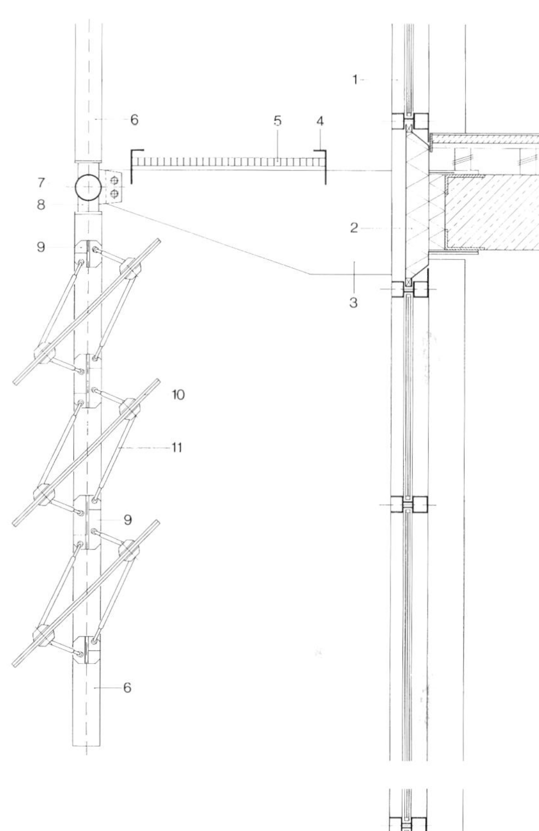

南立面局部剖面图 1：25

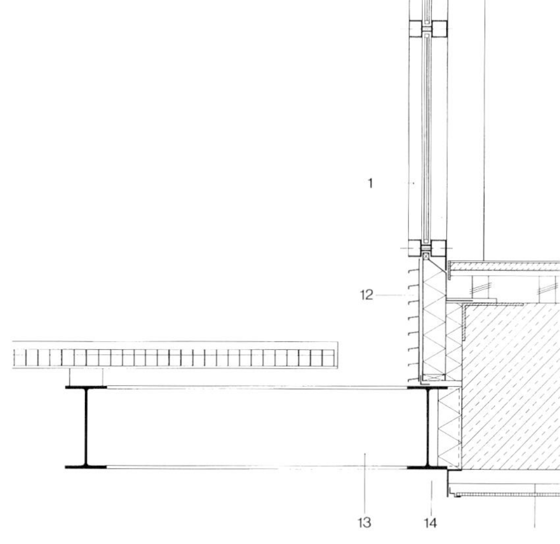

1. 铝合金网状封口
2. 金属外墙面板
3. 10mm 厚金属梁托
4. mm：50 × 130 × 5 角钢
5. 钢格栅
6. ϕ 108 × 2.9mm 钢管
7. ϕ 108 × 4.5mm 水平钢管
8. 连接件
9. 扣件
10. 2mm × 8mm ESG 玻璃条
11. 镀锌钢支架
12. 金属条
13. IPE 300 钢梁
14. 100mm × 50mm 镀锌角钢

56 加利西亚当代艺术中心

阿尔瓦罗·西扎

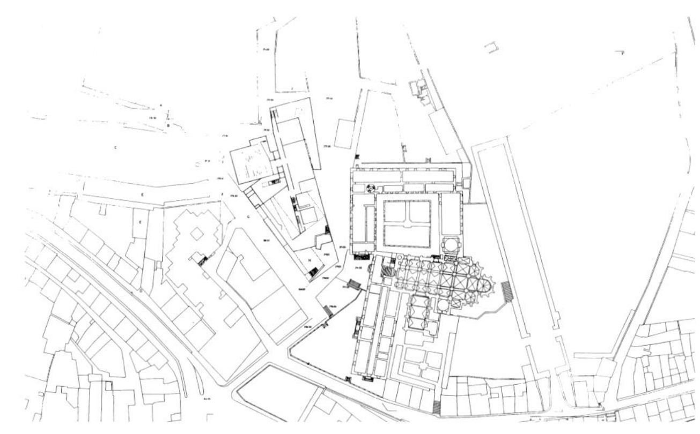

建 筑 师：*阿尔瓦罗·西扎*
地　　址：*西班牙，圣地亚哥—德孔波斯特拉*
面　　积：*7,719m²*
预期造价：*2,200,000西班牙银币*

在这个项目中，建筑师试图通过改造来重建原有的秩序，准确地说这正是当代艺术中心(CGAC)的责任。因此，建筑师必须仔细研究建筑的体量、材料和词汇。

最大的问题在于，这个建筑嵌入了一个逐渐被各种缺乏关联性的建筑所占据空间，这些建筑尺度不同、目的各异。

最后轮到CGAC来调解这些有问题的关系，把这些空间和建筑组合成一个有机的整体。

保存——改造项目特别注重外墙饰面材料的选择。加利西亚当代艺术中心的外立面使用了花岗石薄板，颜色略有变化。在这里花岗石的使用方式表达了它所从属的构造系统——通过设置比较宽的板间缝隙暗示了内部的钢筋混凝土结构。这个建筑由两个三层高的L形构成(包括可上人的平台)，南北走向，L形在南端交于一点。建筑的一、二层各有一个公共入口。

西翼包括入口门廊，接待分配区和通往观众厅以及二层图书馆、档案馆、行政管理中心的入口。

东翼地下一层是展览空间，一层有书店、咖啡室和3945平方英尺（约366m²）的会堂、7620平方英尺(约707m²)的临时展览空间以及其他用房。

两翼之间三角形部分是过渡空间，顶部采光，内为入口和展览大厅。

三层是内部服务区，面积20515平方英尺(约1905m²)，管理和行政用房位于一层。

东翼上方10290平方英尺(约956m²)的平台对公众开放，可以用来展览雕塑。墙高3.20m。平台位于南端第三层楼面上，从上面可以瞭望城市。

总平面图

西立面图

加利西亚当代艺术中心位于圣地亚哥—德孔波斯特拉的旧城区，这个城市有着丰富的建筑遗产，该建筑由阿尔瓦罗·西扎设计，位于一个新近开辟的街道上，毗邻圣多明戈的博纳瓦尔修道院。周围特定的环境决定了基地是这个项目的决定性因素。

下一页
各个方向的剖面图

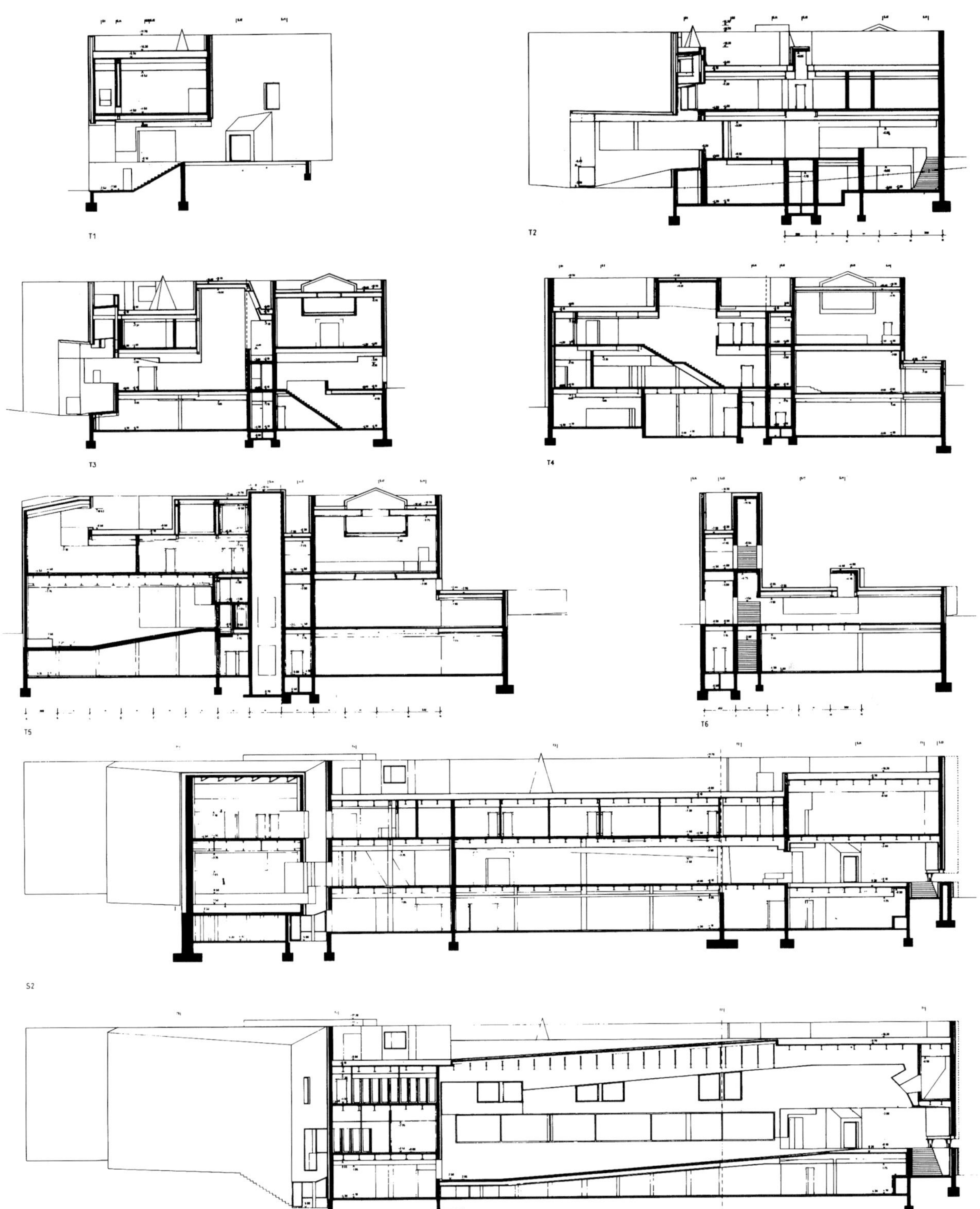
T1
T2
T3
T4
T5
T6
S2

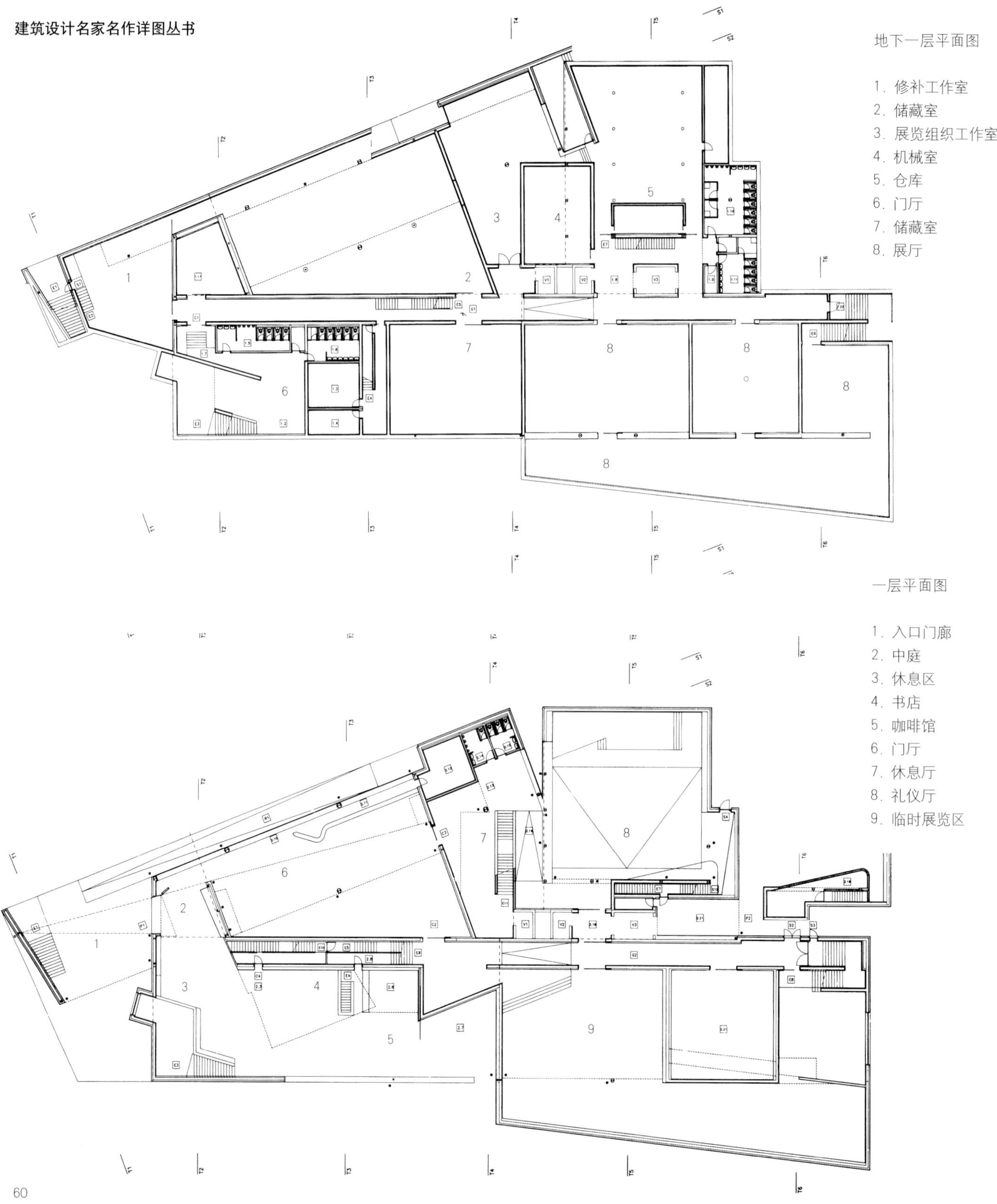

地下一层平面图

1. 修补工作室
2. 储藏室
3. 展览组织工作室
4. 机械室
5. 仓库
6. 门厅
7. 储藏室
8. 展厅

一层平面图

1. 入口门廊
2. 中庭
3. 休息区
4. 书店
5. 咖啡馆
6. 门厅
7. 休息厅
8. 礼仪厅
9. 临时展览区

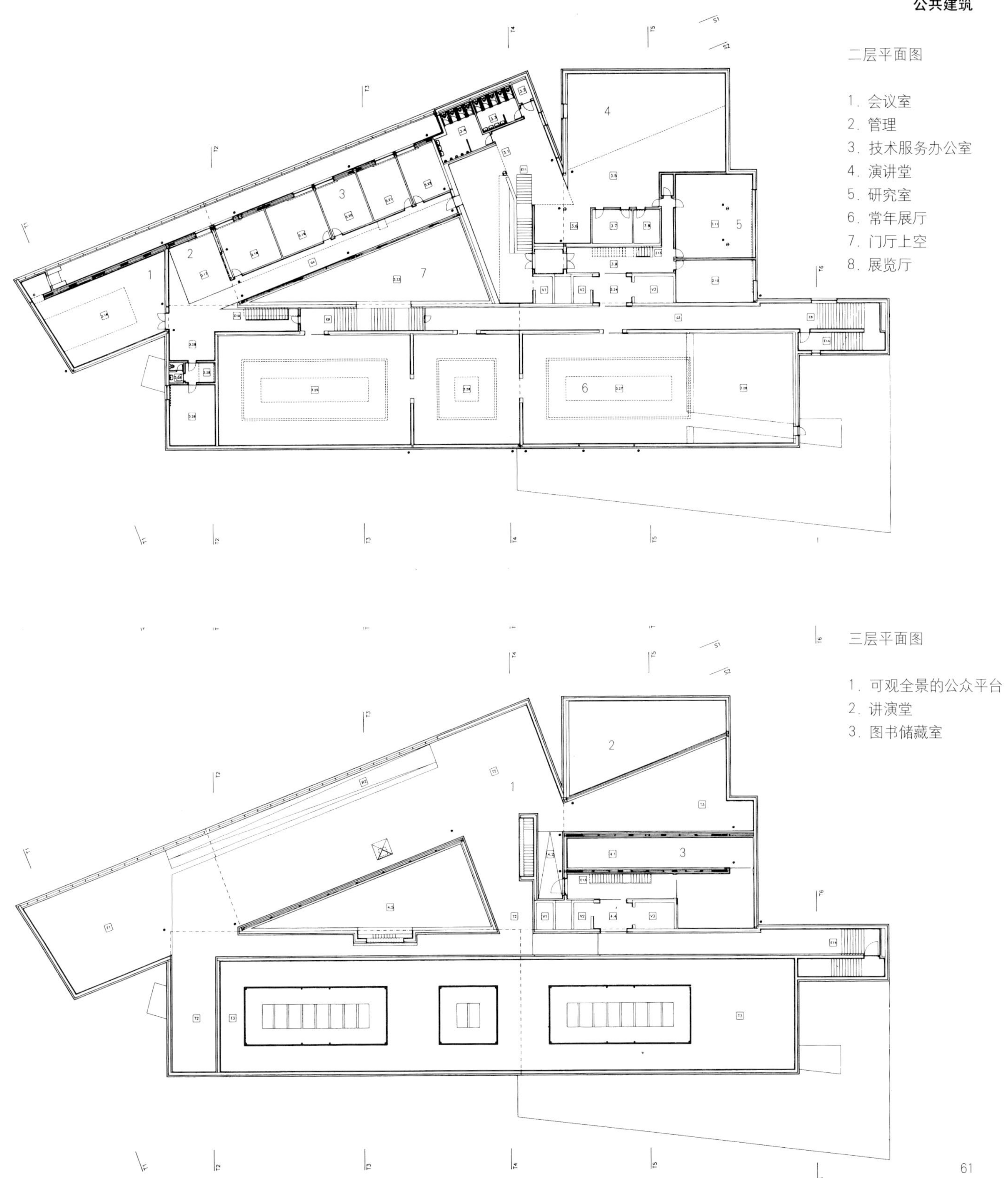
二层平面图
1. 会议室
2. 管理
3. 技术服务办公室
4. 演讲堂
5. 研究室
6. 常年展厅
7. 门厅上空
8. 展览厅
三层平面图
1. 可观全景的公众平台
2. 讲演堂
3. 图书储藏室

横剖面图

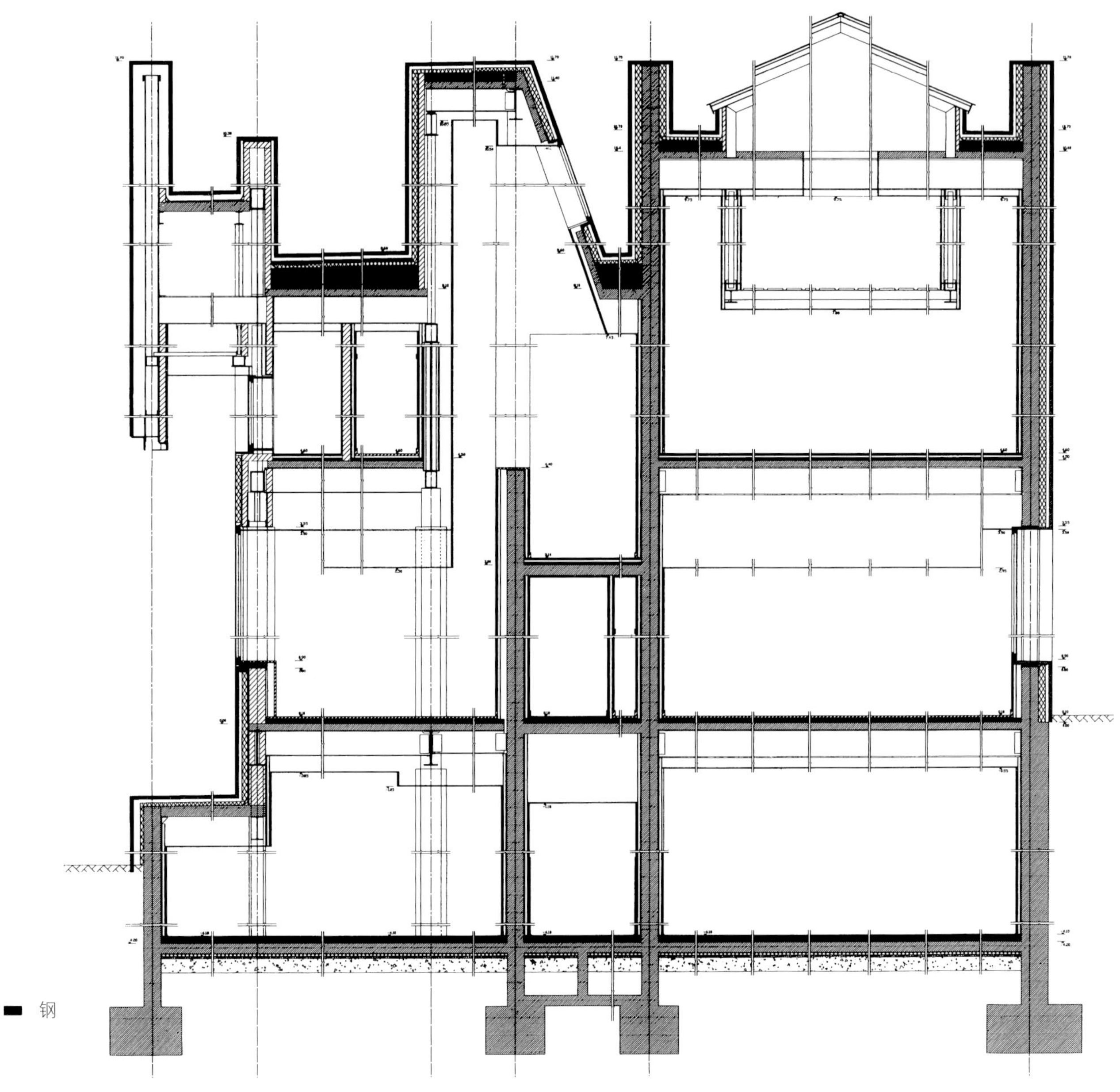

钢

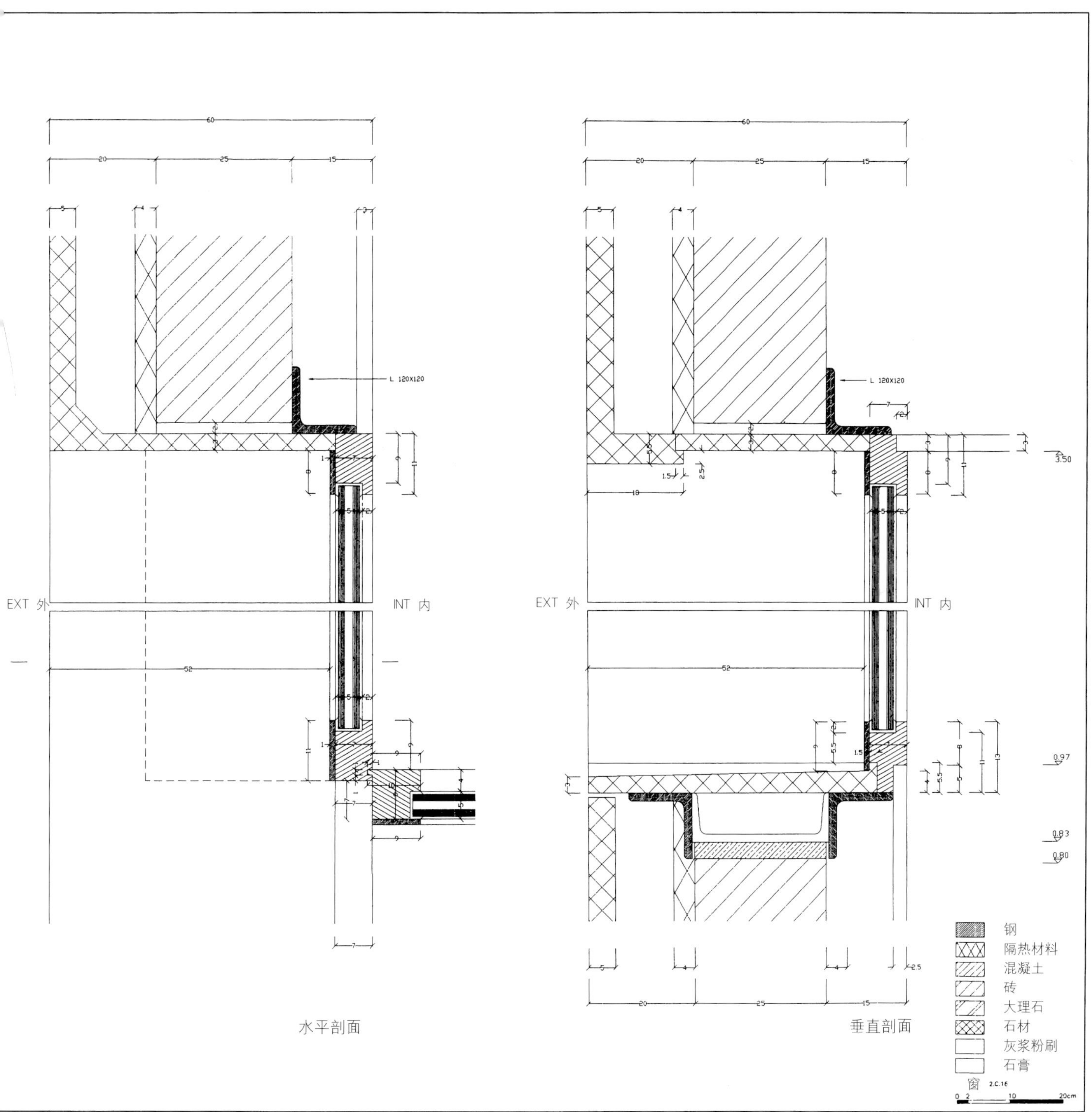
60
20
25
15
5
4
3
L 120X120
EXT 外
INT 内
52
7
2.5
3.50
0.97
0.83
0.80
钢
隔热材料
混凝土
砖
大理石
石材
灰浆粉刷
石膏
窗 2.C.16
0 2 10 20cm

水平剖面

垂直剖面

66 科宁幼儿中心

斯科吉姆·伊拉姆 和 布雷

建　筑　师：*斯科吉姆·伊拉姆和布雷建筑设计公司*

梅里尔·埃尔曼得，马克·斯科吉姆和劳埃德　·布雷

地　　　址：*美国，纽约，科宁*

建 筑 面 积：*合计11000平方英尺（约1021.9m²）*

业　　　主：*科宁公司*

结构工程师：*普鲁伊特·埃伯利·斯通公司*

机械／电气工程师：*亚当斯·戴维斯及其合伙人*

图 案 设 计：*威廉姆·S·卢卡斯，科宁建筑和设计公司*

造　　　价：*120万美元*

科宁幼儿中心的建筑源于两套标准：一个是大人们制定的程序和目标——对功能、秩序、安全和其他实用性标准的需求；一个是孩子们的感受和幻想，这是大人难以量化的。建筑师要将这些既定条件融合在一起，让想像力在建筑中达到最高点，使孩子们和具有童心的大人们都为之精神一振。

这个建筑非常理性，又有点稀奇古怪。像那些体块适中而又非常理性的建筑一样，产生无限变化的是体块的结合方式，是体块内部空间和体块之间空间的关系。其产生的效果远远大于体块的简单累加。形状和空间的变化产生了动感，这种动感不仅带来了生机和活力，还印证了孩子通过运动进行学习的过程。

我们可以说建筑在某些方面会影响孩子们价值观的形成，影响孩子们的未来。而这个建筑，实际上正在成为激发孩子们想像力的工具。

科宁幼儿中心能容纳144个孩子，从六周大到上幼儿园前。这个项目及其建筑设计的理念是"家庭组"，特定年龄的班级生活在一起，这样不同年龄阶段的孩子可以互相交流。

建筑物由各种厚度的板构成，有内部加热系统、木和钢桁架托梁的木结构、本色木材外墙护壁板、上漆木材外墙护壁板、铝框中空玻璃窗、弹性涂膜屋面、着色石膏墙板、地毯、乙烯基复合瓷砖、密封胶合板以及涂漆金属盖缝条。普通的建筑产品和建筑材料按照孩子们的眼光以各种方式"拧来拧去"。

总平面图

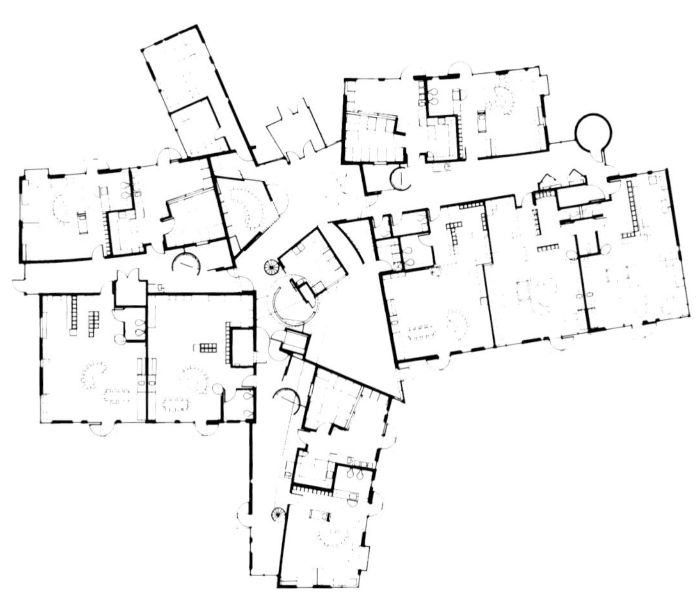

一层平面图　1：500

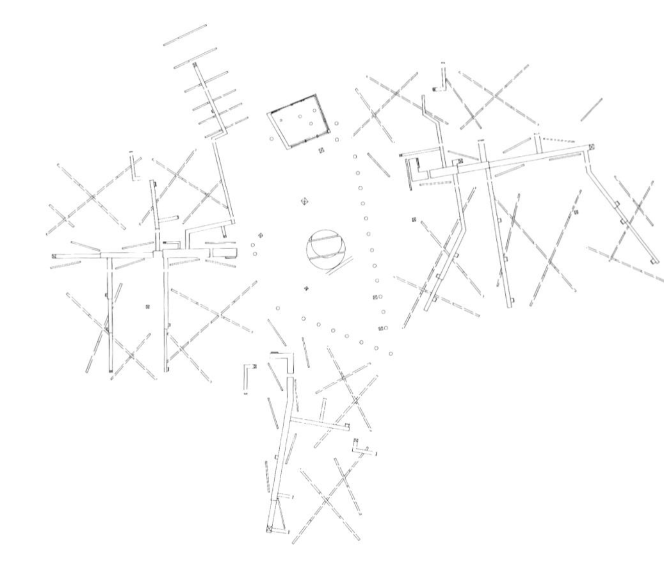

照明设计图　1：500

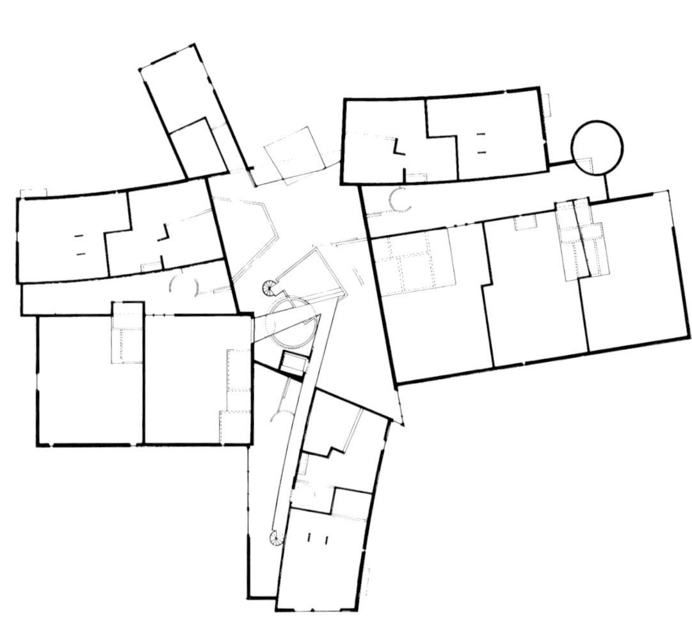

夹层平面图　1：500

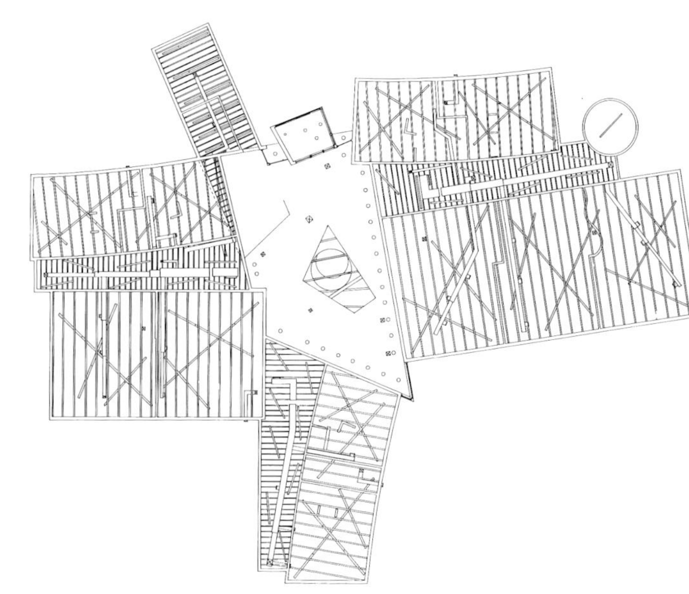

顶棚平面图　1：500

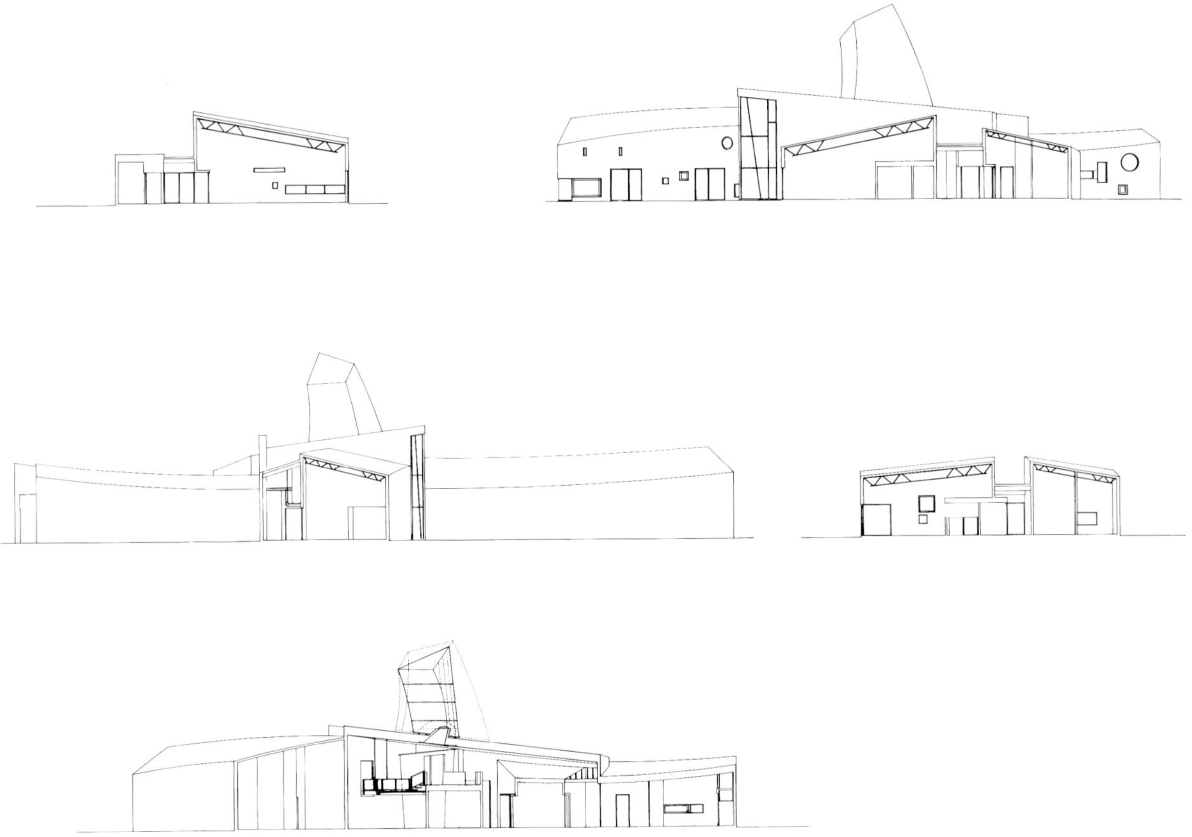

剖面图　1：500

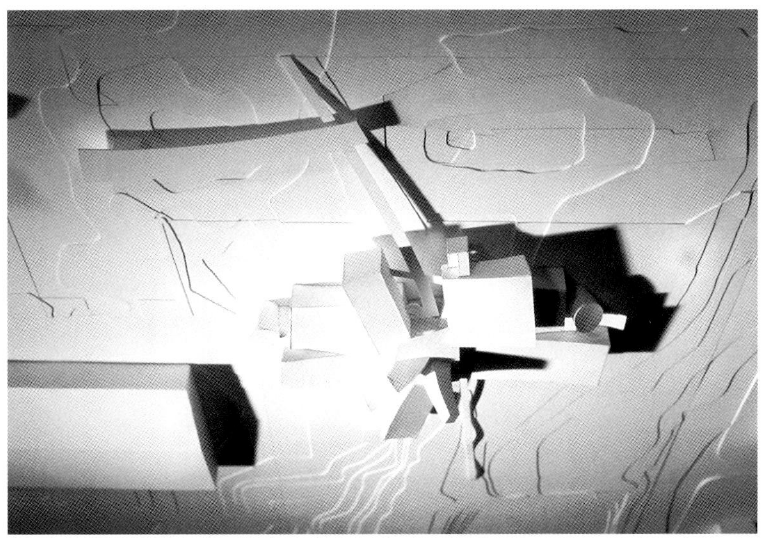

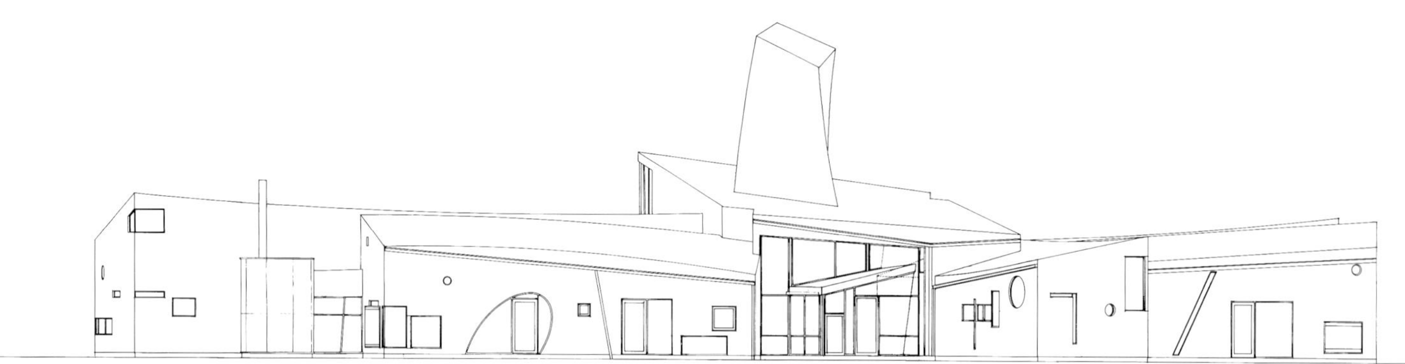

南立面图　1：200

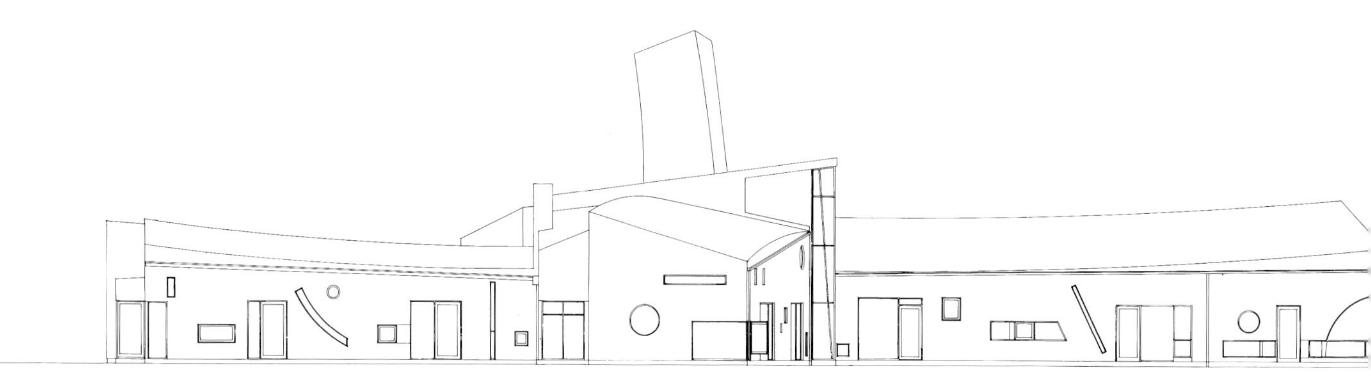

北立面图　1：200

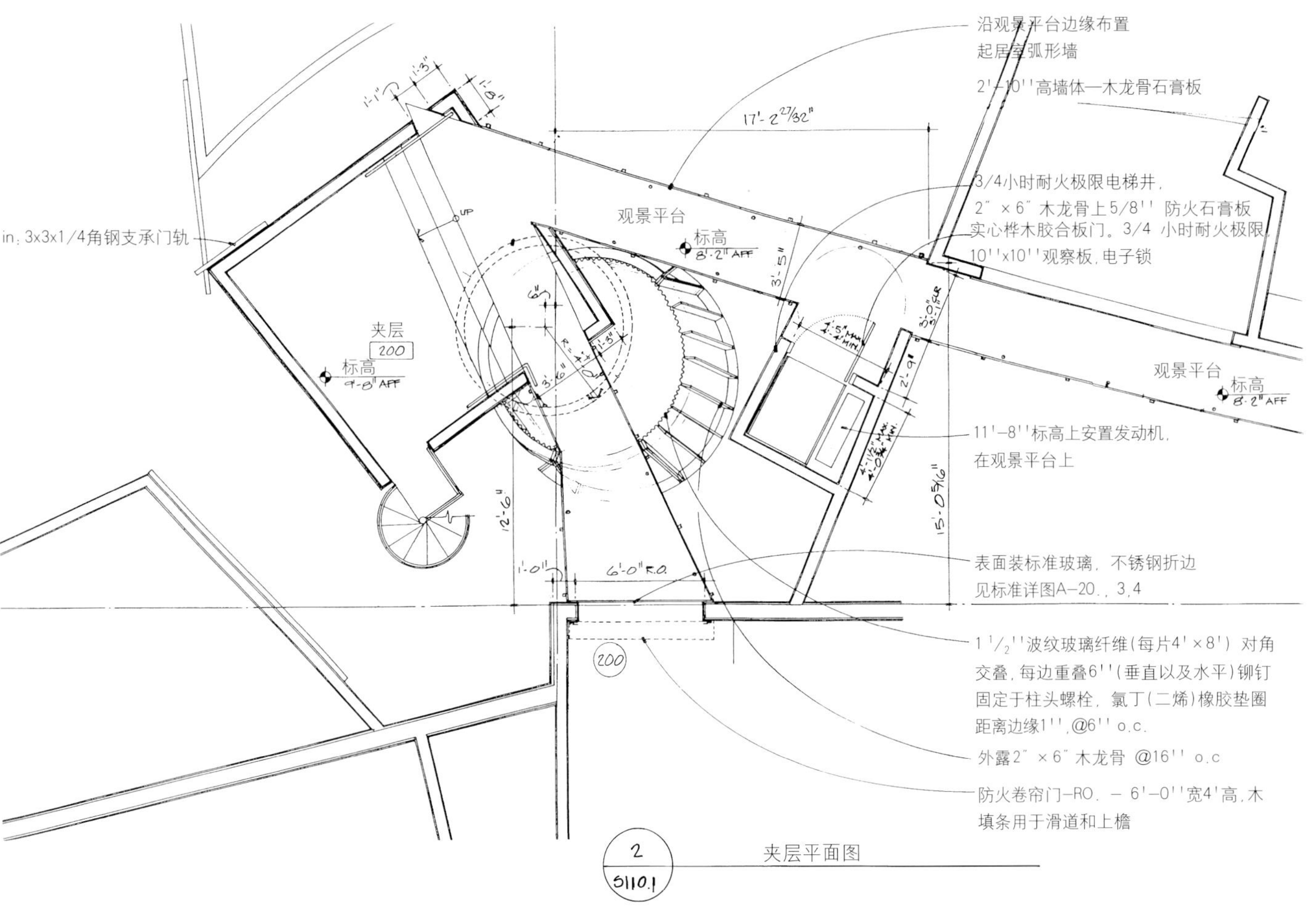

沿观景平台边缘布置
起居室弧形墙
2'-10''高墙体—木龙骨石膏板
3/4小时耐火极限电梯井，
2" × 6" 木龙骨上5/8'' 防火石膏板
实心桦木胶合板门。3/4 小时耐火极限，
10''x10''观察板，电子锁
11'-8''标高上安置发动机，
在观景平台上
表面装标准玻璃，不锈钢折边
见标准详图A-20.，3，4
1 1/2''波纹玻璃纤维(每片4'×8') 对角
交叠，每边重叠6''(垂直以及水平)铆钉
固定于柱头螺栓，氯丁(二烯)橡胶垫圈
距离边缘1''，@6'' o.c.
外露2" × 6" 木龙骨 @16'' o.c
防火卷帘门–RO. – 6'-0''宽4'高，木
填条用于滑道和上檐
in：3x3x1/4角钢支承门轨
观景平台
标高
夹层
200
标高
17'-2 27/32"
2
S110.1

夹层平面图

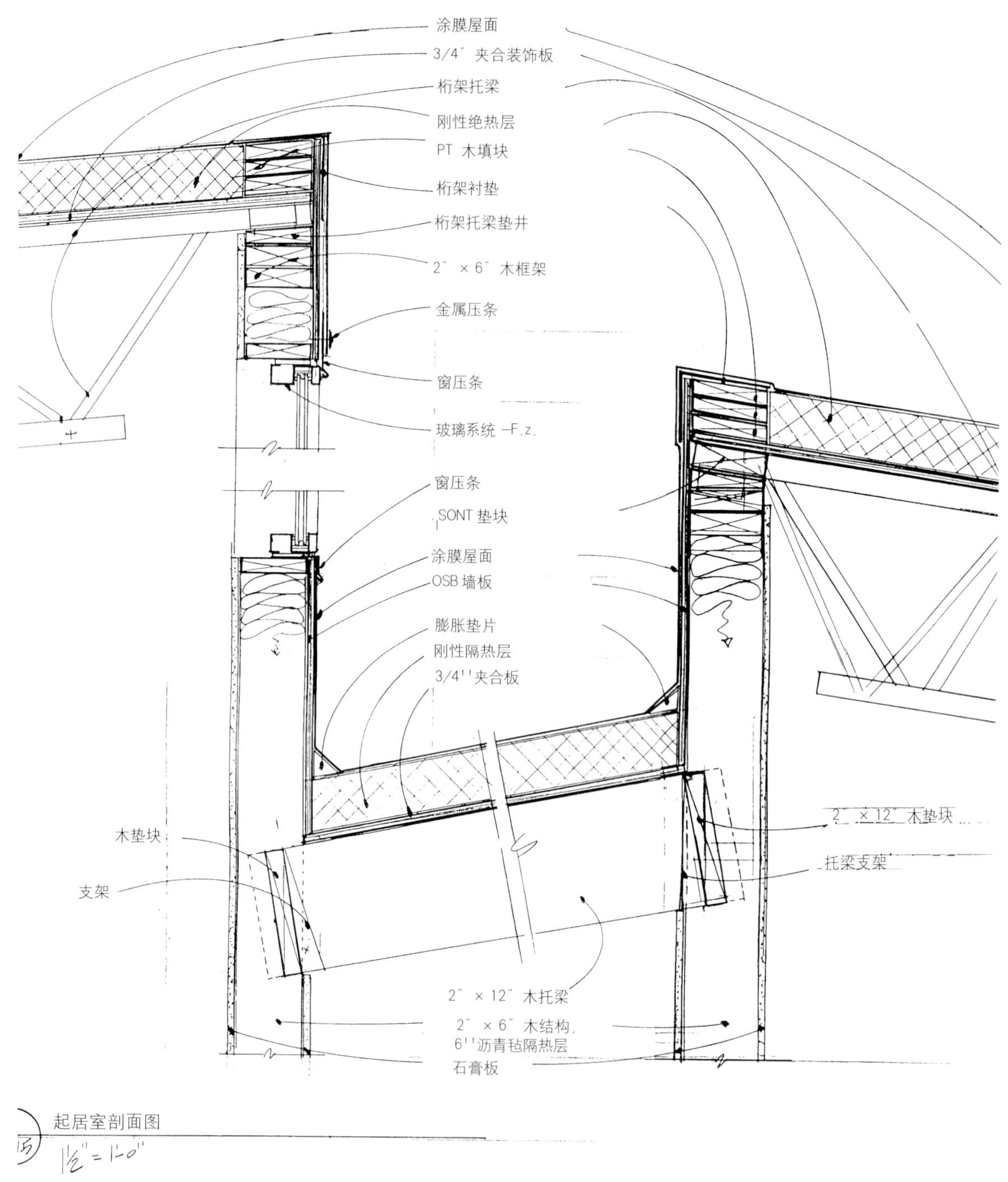

起居室剖面图

1½″=1′-0″

译者注：OSB：Oriented Strand Board,译名有“欧松板”、“纤维板”、“定向刨花板”、“定向结构刨花板”等。详细资料请查阅 http://www.osbguide.com

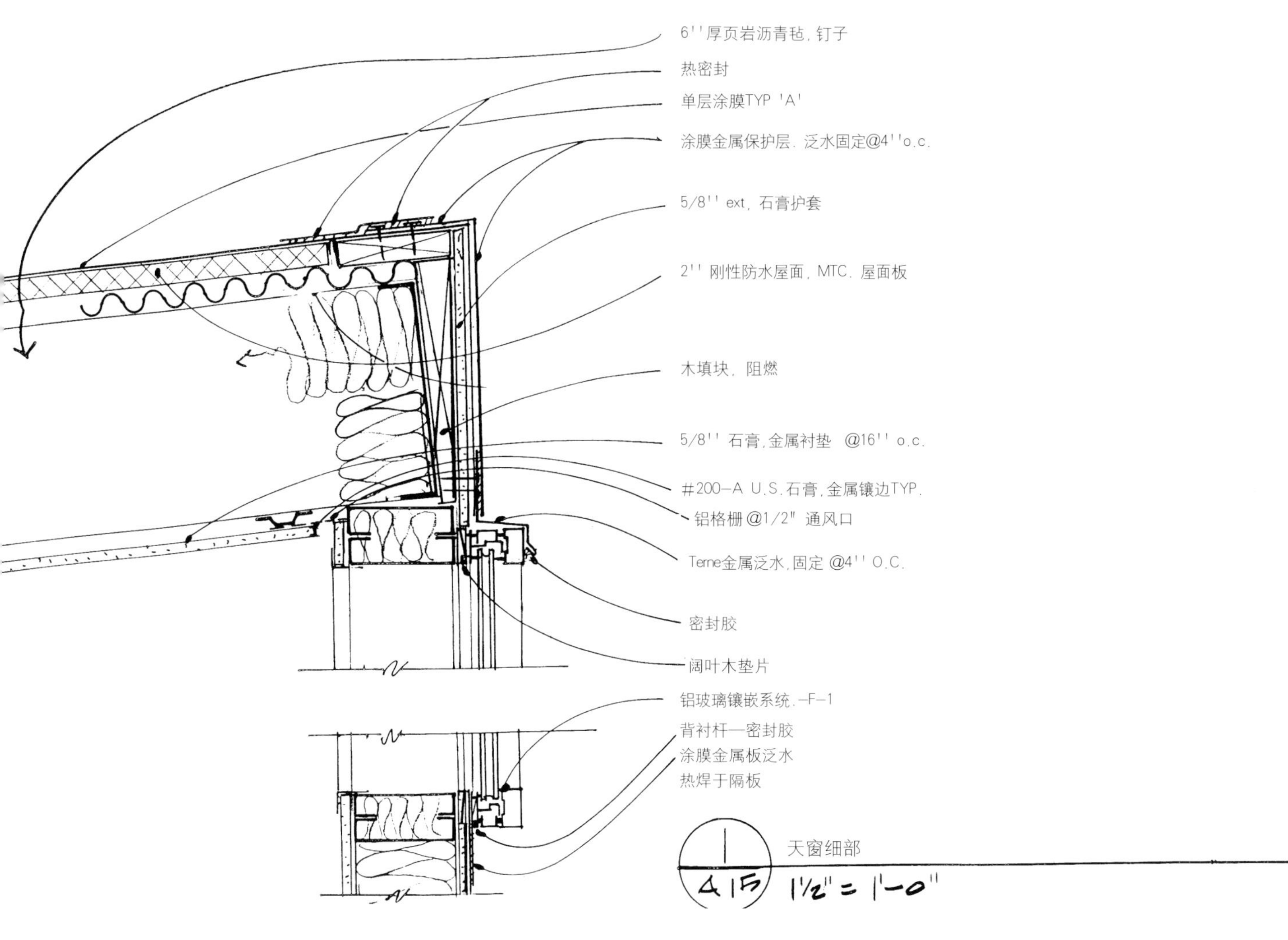
6''厚页岩沥青毡，钉子
热密封
单层涂膜TYP 'A'
涂膜金属保护层．泛水固定@4''o.c.
5/8'' ext，石膏护套
2'' 刚性防水屋面，MTC．屋面板
木填块，阻燃
5/8'' 石膏，金属衬垫 @16'' o.c.
#200–A U.S.石膏，金属镶边TYP.
铝格栅@1/2" 通风口
Terne金属泛水，固定 @4'' O.C.
密封胶
阔叶木垫片
铝玻璃镶嵌系统．–F–1
背衬杆—密封胶
涂膜金属板泛水
热焊于隔板
天窗细部
4 15
1½" = 1'-0"

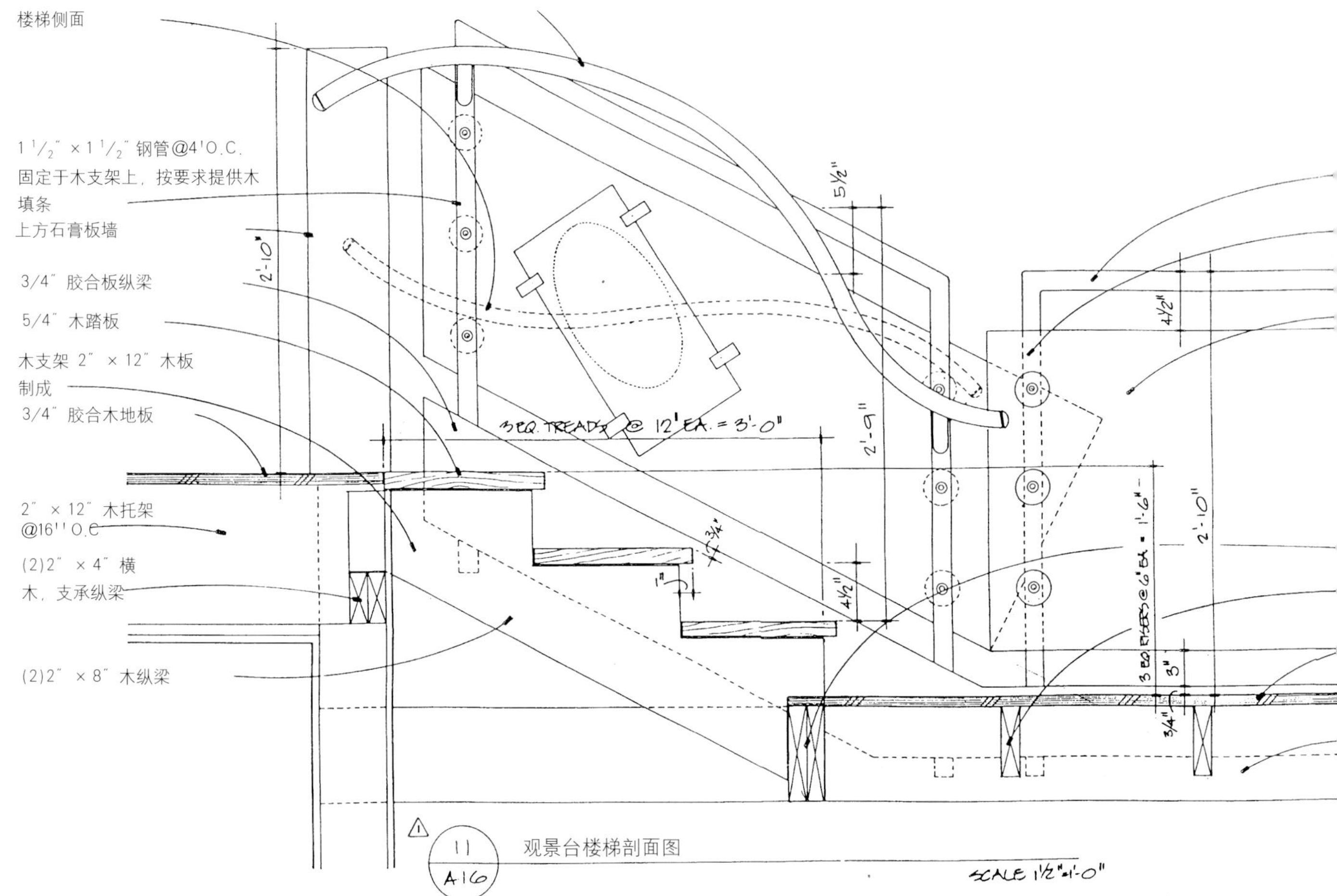

楼梯侧面
1 1/2" × 1 1/2" 钢管@4'O.C.
固定于木支架上，按要求提供木填条
上方石膏板墙
3/4" 胶合板纵梁
5/4" 木踏板
木支架 2" × 12" 木板制成
3/4" 胶合木地板
2" × 12" 木托架 @16'' O.C
(2)2" × 4" 横木，支承纵梁
(2)2" × 8" 木纵梁
2'-10"
5½"
4½"
2'-9"
3 EQ. TREADS @ 12" EA. = 3'-0"
1 3/4"
1"
4½"
2'-10"
3 EQ RISERS @ 6" EA. = 1'-6"
3"
3/4"
11
A16
观景台楼梯剖面图
SCALE 1½" = 1'-0"

× 1 1/2″ 连续钢管扶手

1 1/2″ 钢管@4′ o.c.(最大) 固
梁 3/8″直径木螺栓,3 1/2″长

条胶合板,固定于钢管上,
不锈钢垫圈,螺钉@8″ O.C.

× 8″ 木盖板

木托架@16″ O.C.

合地板

台 /
FF

× 8″ 木纵梁

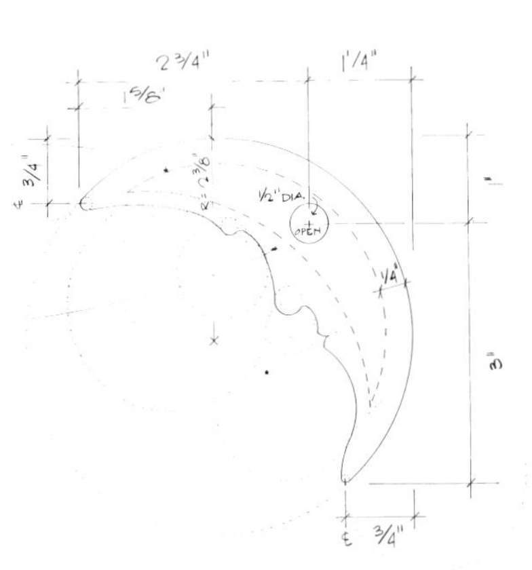

22/A24 门把手 B详图
3/4″=1″

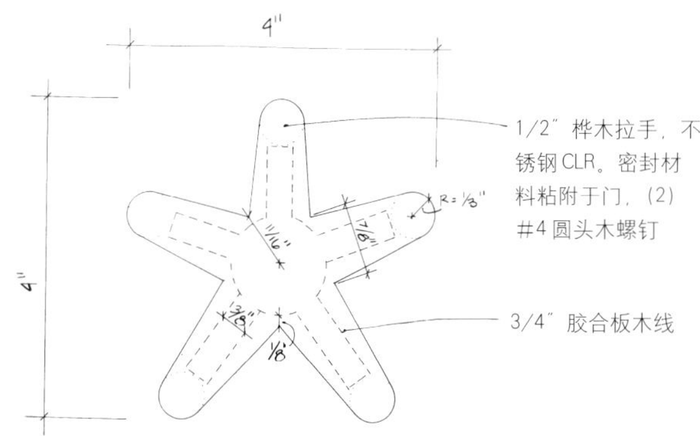

23/A24 门把手 C详图
3/4″=1″

注意:
制作总数1/3:21—A24,22—A24,
23—A24

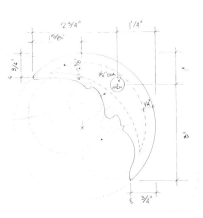

76 音乐博物馆

弗兰克·阿穆泰纳

建筑师：*弗兰克·阿穆泰纳*
地　址：*法国，巴黎音乐城*
协　作：*A.费拉吕，R.加佐拉，P.热朗特，S.普拉特，J.L.雷伊*
项目组：*J.奥佐勒，A.费拉吕，J.蒙福尔，F.拉贝*
工程师：*GET 工程师，ALTO 工程师*
面　积：*418 平方英尺（约 39m²）*

音乐博物馆位于音乐城东部，坐落在音乐城和公园之间。1990年举办了一次设计竞赛，弗兰克·阿穆泰纳胜出，他将进行展览厅（临时展厅和永久展厅两部分）的设计，以及与布展相关的所有其他设计工作（原来的展示是克里斯蒂安·德·鲍赞巴克设计的）。

建立博物馆的目的是普及音乐知识，保存音乐遗产，因此博物馆的藏品必需从各个方面见证音乐，这包括实物和图片两类藏品，例如雕塑、绘画、建筑等。博物馆通过每一个赋予音乐以生命的事物来展示音乐，从乐器、乐谱到乐池甚至音乐厅这样的建筑。尽管可能存在着别的选择，但是出于上述构思，建筑师很有必要在原有建筑内创造一个全新的空间。

该项目必须为九个重要的音乐事件——革命、怀疑、发现、新的方法或神圣的方法创造合适的空间。每个部分集中展示一个作品，由乐器和相关地点的素描组成。例如，曼图亚公馆大厅，克劳迪奥·蒙特威尔地在此谱写了《奥菲欧》；香榭里舍剧院，伊戈尔·斯特拉文斯基在此谱写了《春之祭》。

这个项目融合了一系列节奏、音步、韵律以及主题——是这个刻板城市的避难所。在这里，木头、抛光混凝土以及灰色调都凸显了乐器的材质和色泽。

藏品布置得非常紧凑，在建筑形状的限制下呈直线排列，在参观者和作品之间创造了一种亲密的关系，让人想起“私人收藏”而非“公共机构博物馆”。人们顺着通道走过八个标高，每一个发现都引向下一个，空间在变化中延伸，像一首连绵不断的音乐诗篇。

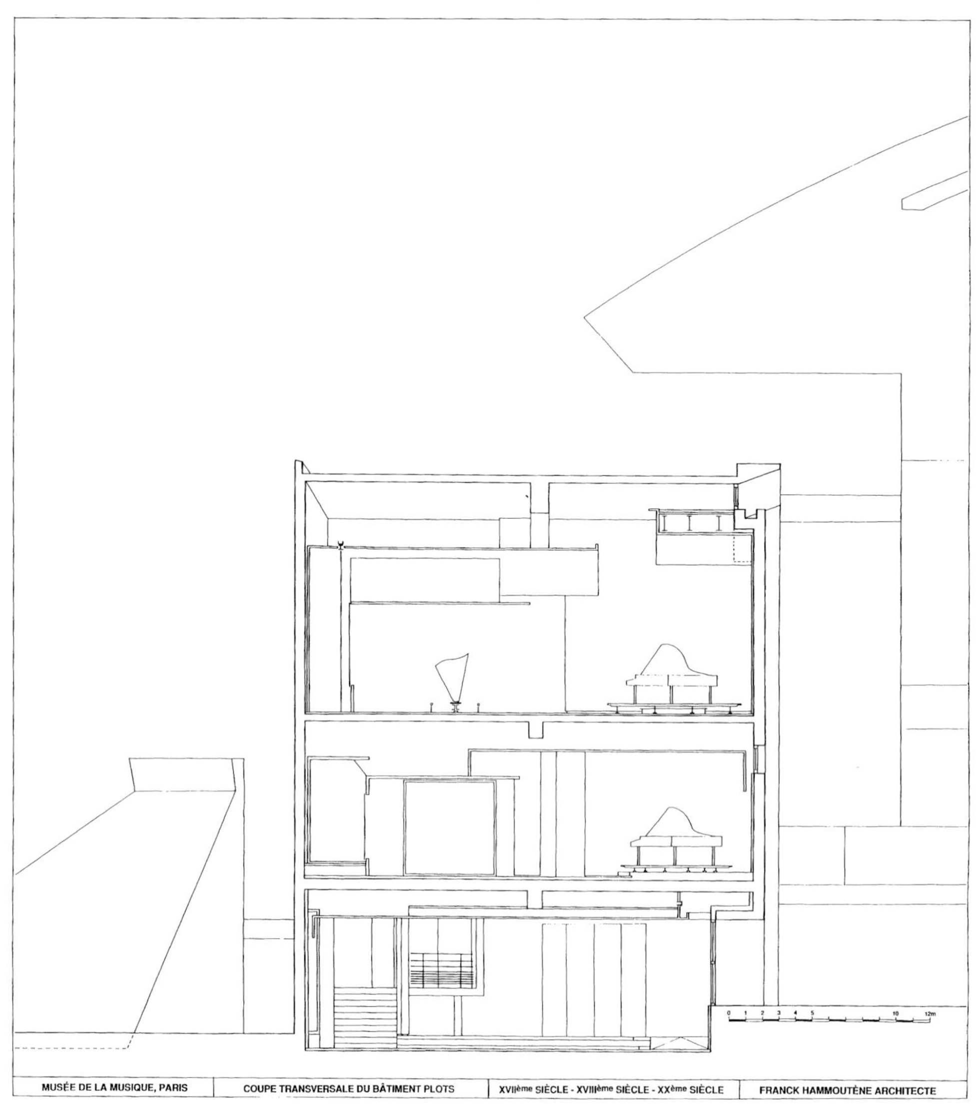

建筑剖面图，包括17世纪、18世纪、19世纪藏品

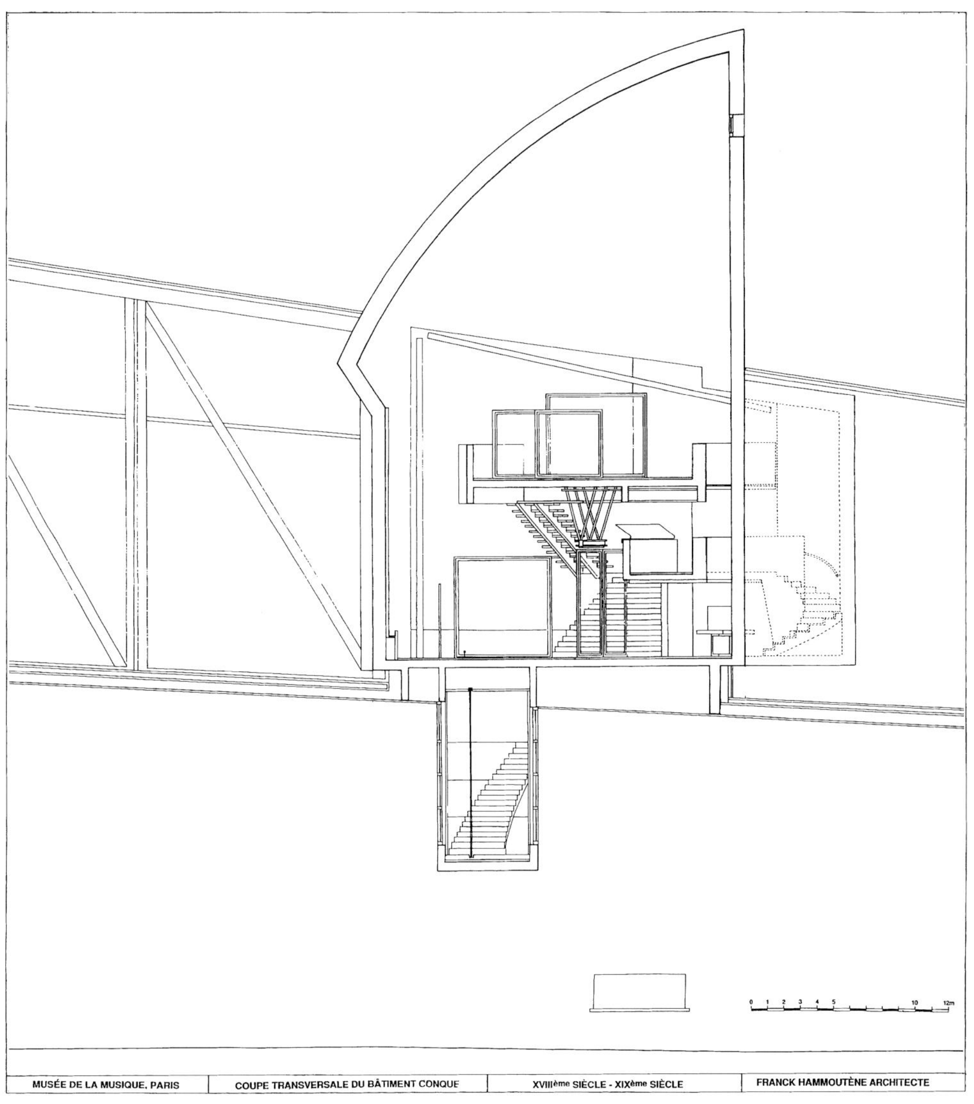
0 1 2 3 4 5 10 12m
MUSÉE DE LA MUSIQUE, PARIS
COUPE TRANSVERSALE DU BÂTIMENT CONQUE
XVIIIème SIÈCLE - XIXème SIÈCLE
FRANCK HAMMOUTÈNE ARCHITECTE

建筑剖面图，包括 20 世纪藏品

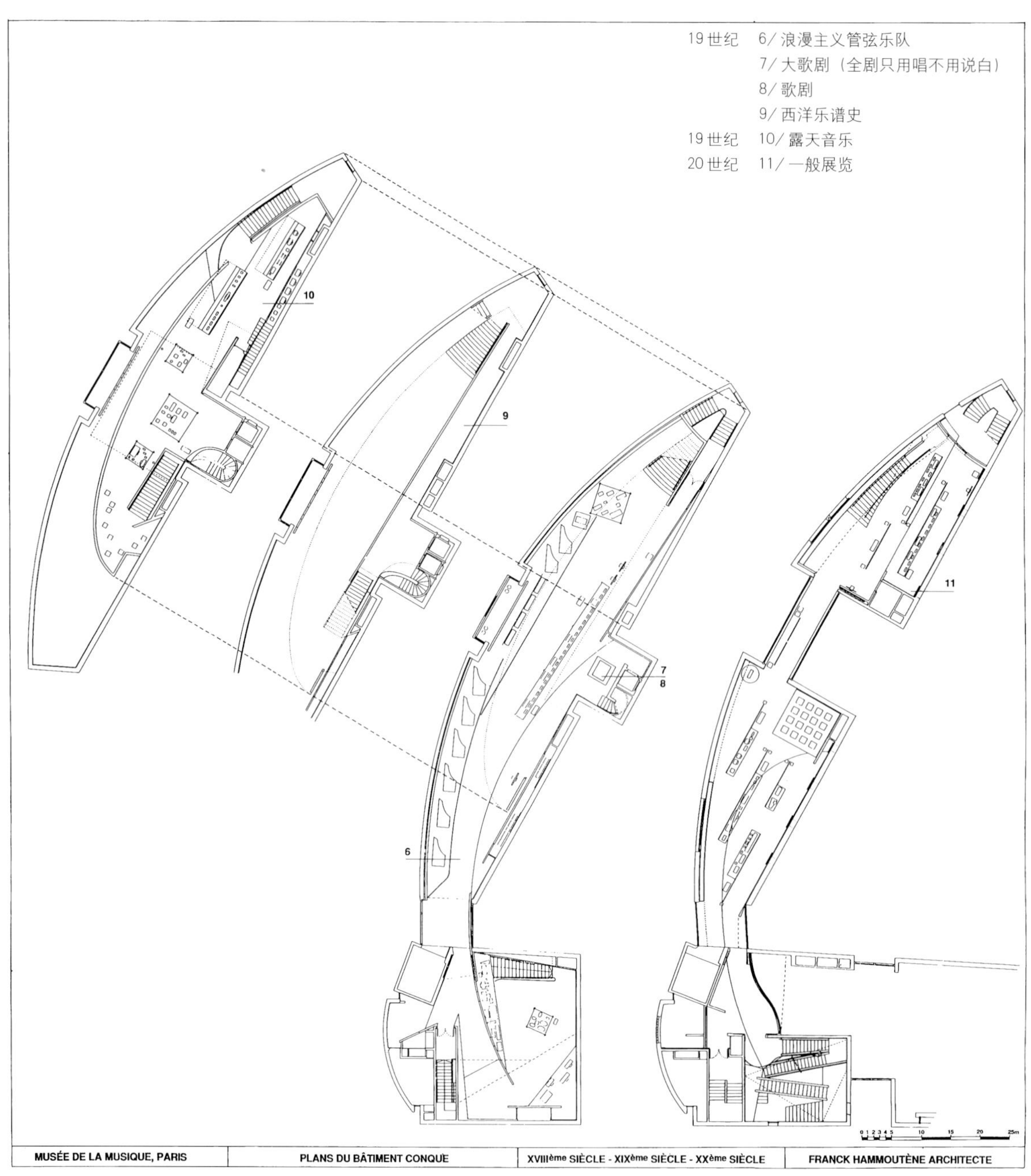

建筑平面图

17 世纪、18 世纪、19 世纪藏品

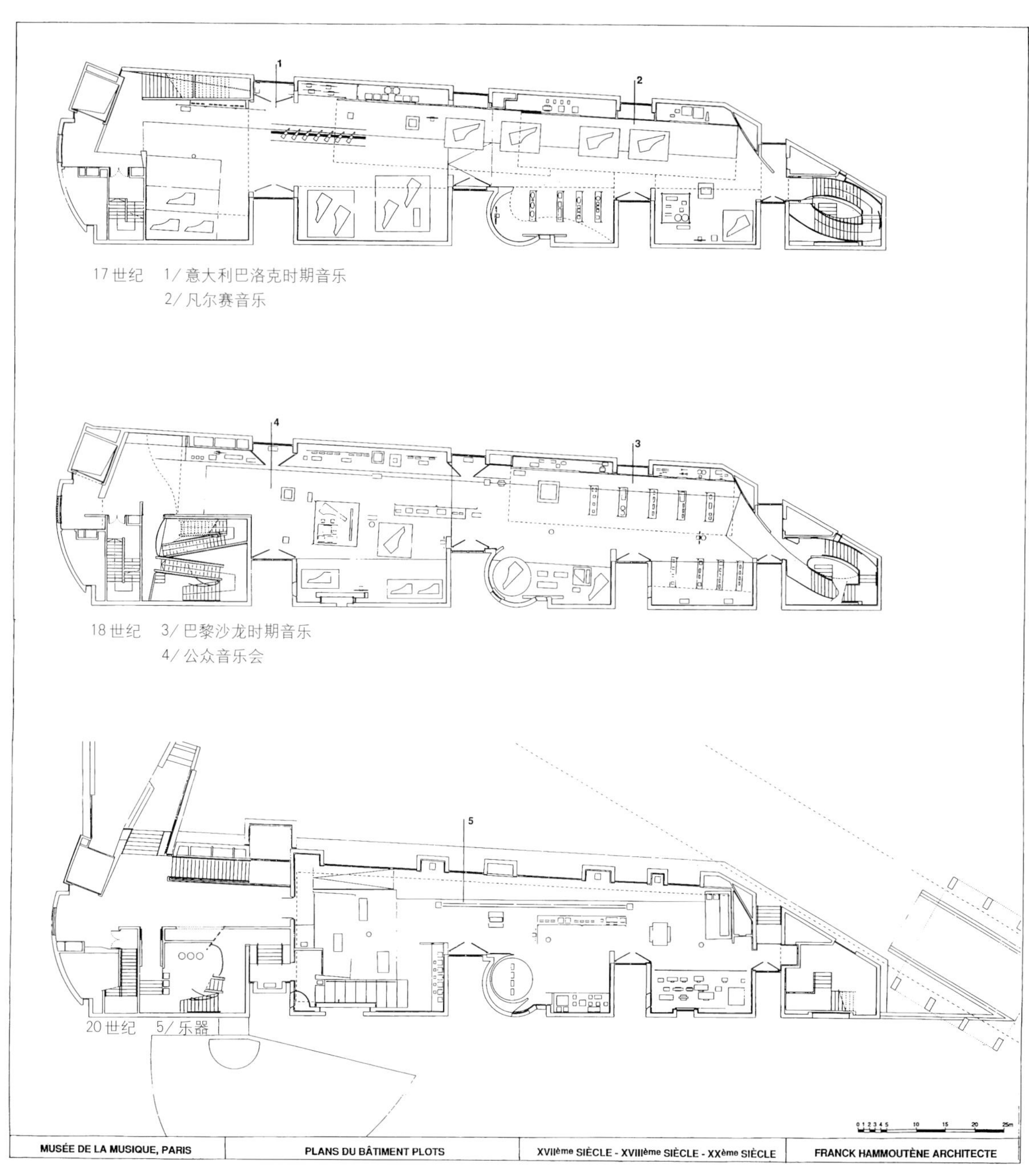
1
2
17 世纪　1/意大利巴洛克时期音乐
2/凡尔赛音乐
4
3
18 世纪　3/巴黎沙龙时期音乐
4/公众音乐会
5
20 世纪　5/乐器
0 1 2 3 4 5　10　15　20　25m
MUSÉE DE LA MUSIQUE, PARIS
PLANS DU BÂTIMENT PLOTS
XVIIème SIÈCLE - XVIIIème SIÈCLE - XXème SIÈCLE
FRANCK HAMMOUTÈNE ARCHITECTE

建筑平面
20 世纪藏品

用木钉和螺钉固定于主体楼板

某展示架的垂直剖面图 1：4

钢箍

调节垂直螺栓和防松螺帽

4mm 不锈钢钢丝绳

玻璃门横断面紧固垫块

光纤

V.E.C硅酮组分粘合

调整牵开器

两个通长薄壳钢（分布荷载），局部螺栓

铝管特殊阳极氧化处理，V.E.C粘合

薄钢板衬垫

光纤插入铝线脚

密封垫圈，自粘镶边

吊顶扣件

66/2 钢化夹层玻璃门

加密山毛榉地板，亚光清漆

防水面层收头，安装地板，或者按当地做法

弹性涂层，两层铅板隔水层，重叠搭接

钢筋混凝土结构板

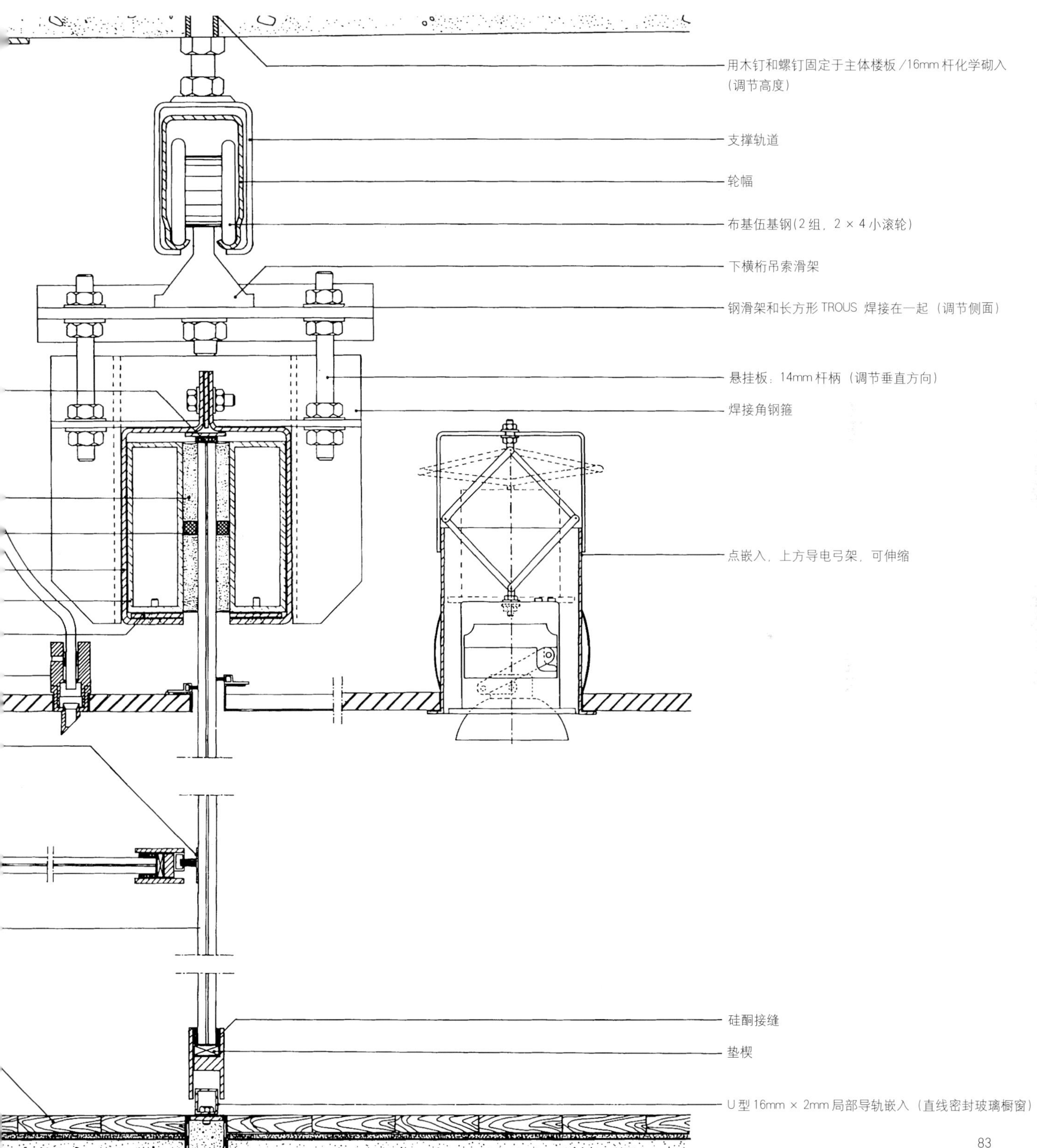
用木钉和螺钉固定于主体楼板／16mm 杆化学砌入（调节高度）
支撑轨道
轮幅
布基伍基钢(2 组，2 × 4 小滚轮）
下横桁吊索滑架
钢滑架和长方形 TROUS 焊接在一起（调节侧面）
悬挂板：14mm 杆柄（调节垂直方向）
焊接角钢箍
点嵌入，上方导电弓架，可伸缩
硅酮接缝
垫楔
U 型 16mm × 2mm 局部导轨嵌入（直线密封玻璃橱窗）

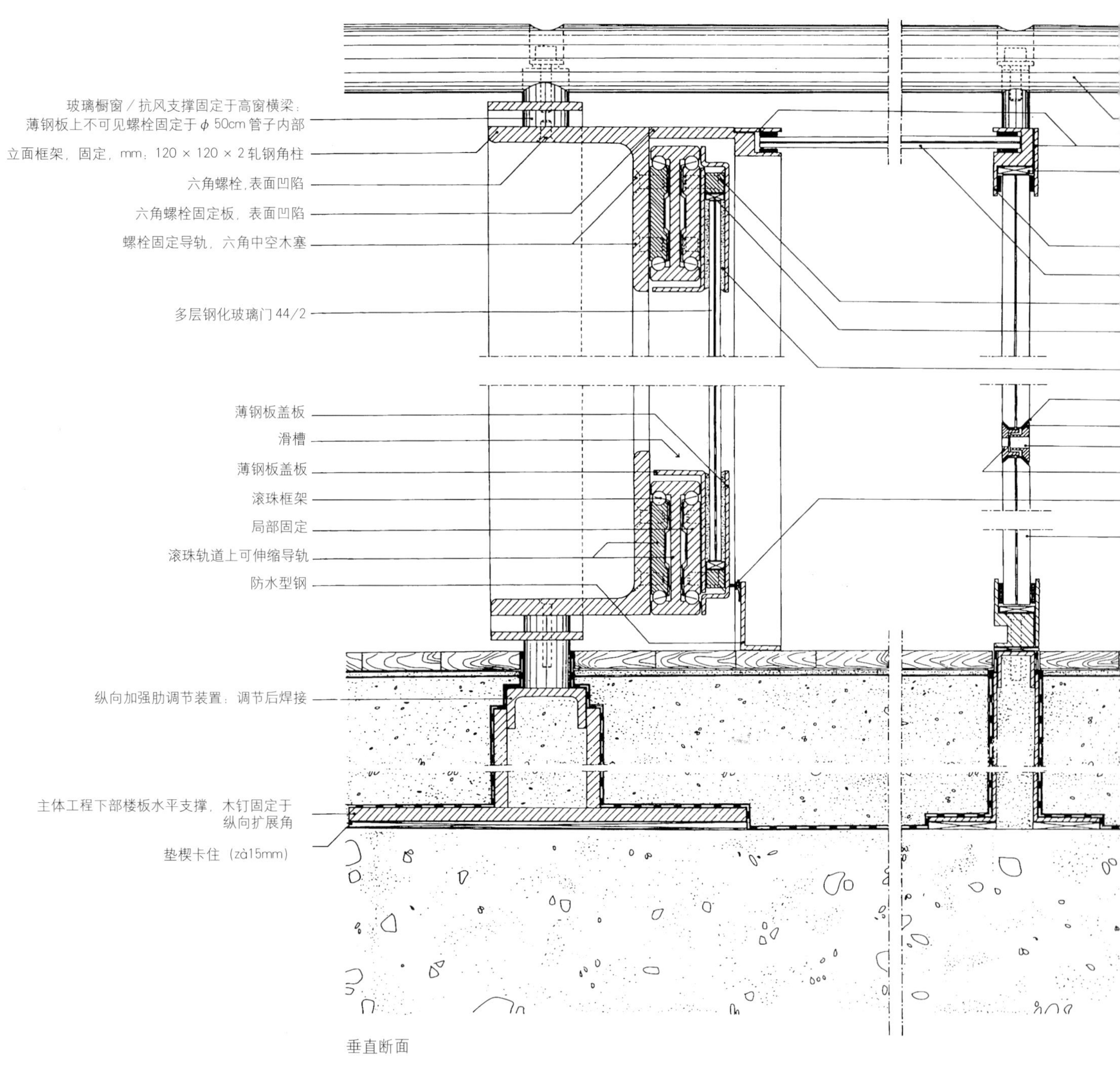
玻璃橱窗／抗风支撑固定于高窗横梁：
薄钢板上不可见螺栓固定于φ 50cm 管子内部
立面框架，固定，mm：120 × 120 × 2 轧钢角柱
六角螺栓，表面凹陷
六角螺栓固定板，表面凹陷
螺栓固定导轨，六角中空木塞
多层钢化玻璃门 44/2
薄钢板盖板
滑槽
薄钢板盖板
滚珠框架
局部固定
滚珠轨道上可伸缩导轨
防水型钢
纵向加强肋调节装置：调节后焊接
主体工程下部楼板水平支撑，木钉固定于
纵向扩展角
垫楔卡住（zà15mm）

垂直断面

焊于 ϕ 50cm 抗风斜撑
累钉固定盖板

缘后部

多层钢化玻璃门
性固定

接缝
饰
面不锈钢
部固定
内侧面
钢

.2多层钢化玻璃

山毛榉镶木地板，清漆

面层收尾，镶木地板，或按当地做法

涂层，两层铅板隔水层，重叠搭接

混凝土结构板

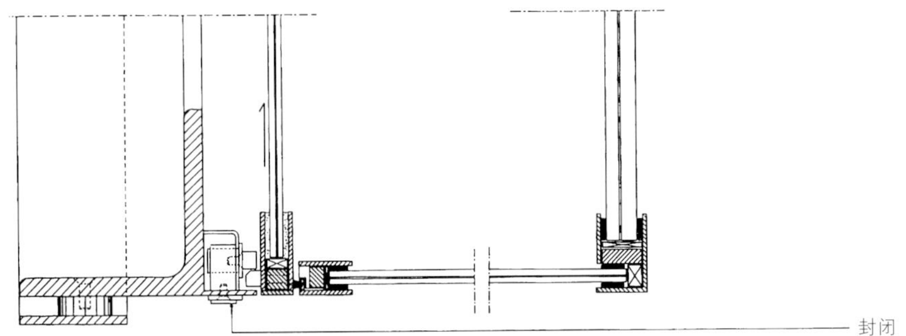

细部详图　1：4

德国联邦议会大厦

京特·贝尼施

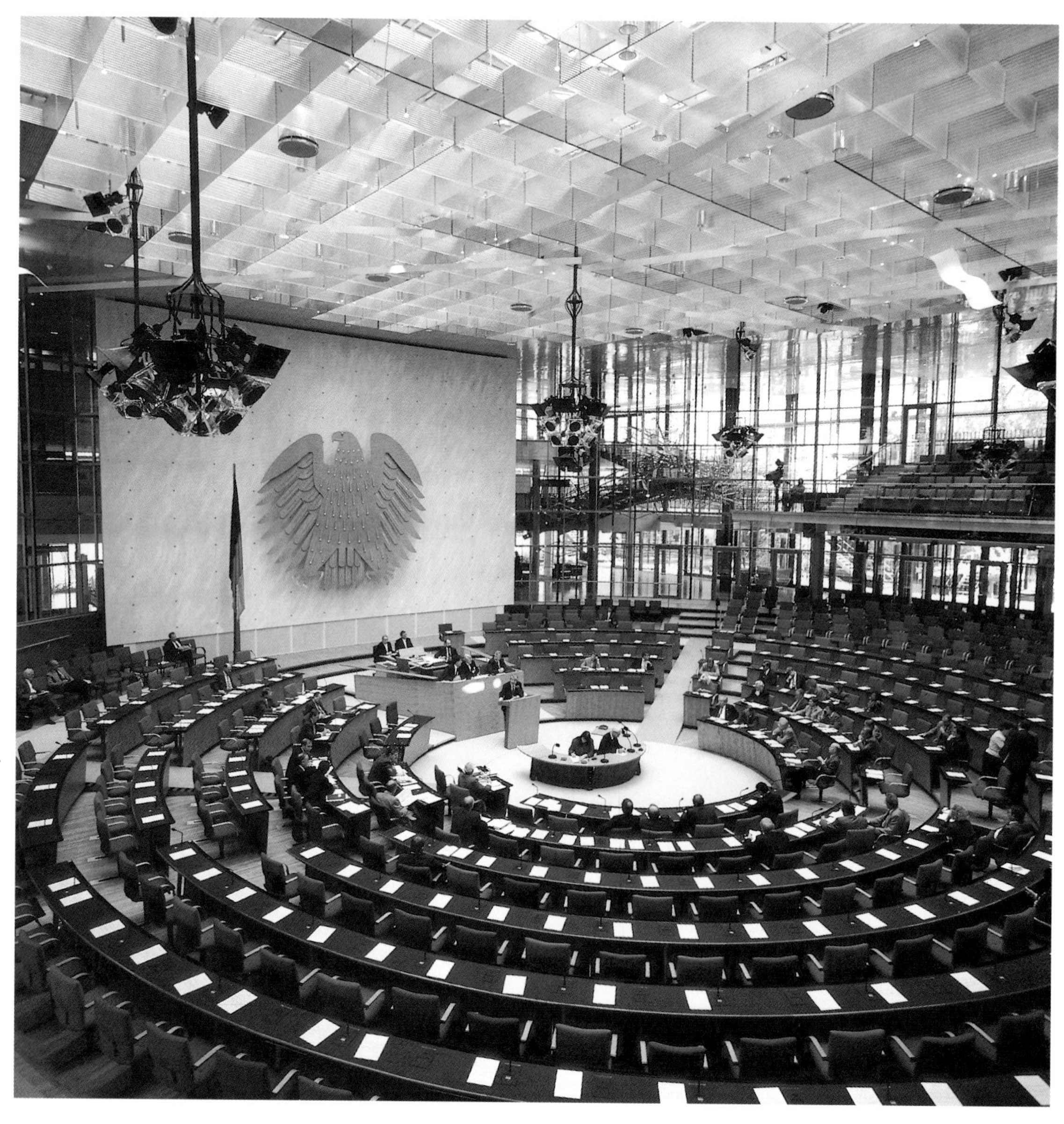

建 筑 师：*京特·贝尼施，温弗里德·布克斯尔，曼弗雷德·扎巴特克*
地 址：*德国，波恩*
业 主：*联邦议会*
项目负责人：*G.施塔布，H.布尔卡特，E.普里茨尔，A.扎尔穆特，E.蒂尔曼斯*
结 构 设 计：*施莱歇，贝格曼及其合伙人*
环 境 设 计：*汉斯·卢斯及其合伙人*

莱茵河畔的一块特许地上伫立着德国联邦议会大厦，它的旁边是一条长长的岸边步道。考虑到这幢建筑巨大的体量，设计的目标之一是尽量减少它对周围景观的影响。

贝尼施通过巧妙的隐喻和借喻在建筑和自然环境之间建立了某种联系：楼梯代表鸟巢，室内流线延续了室外的道路等等。

屋面几乎是透明的。顶部冠以天窗，光线穿过树枝照射下来，房间变成森林里的小小河谷。建筑内部自然无所不在：白天与夜晚，日出和日落，冬天的飘雪，秋天铅灰色的天空，还有春天色泽灿烂的鲜花。影响整个国家命运的决策和法律在这座大厦里制定，这里多么像人们曾经聚居的地方：现在叫做德国，以前，是森林里的一片空旷之地。

显然这种隐喻离不开技术力量的支持，这不仅牵涉到气候调节和室内温度，还涉及到安全问题。结果由于这些限制，设计师不得不对某些部分进行调整。

即使如此，透明的理念仍然保留了下来。人们的视线还是可以贯穿这个建筑：从议院里能够看到树木；从休息室能够看到议员楼座；从楼梯上能看到河流。各种景象层层叠加。墙被非物质化了，因此我们可以看到墙后发生了什么。

从广场有两个入口进入休息厅：议员从右边进入，参观者从左边进入。

从右边进入大厦的议员可以沿一个宽阔的楼梯下行到达休息厅，休息厅里有一扇通往国会议院的门。入口层宽阔的走廊引向国会主席办公室。从访客门进入的参观者也可以向下走进会议厅或者向上到达参观廊。接待厅和侧厅环绕国会议院，从这里不仅可以看到议院还可以看到室外。按照古老的传统，非正式会谈在接待厅里进行。沿河一边有第三个入口供举办仪式之用。一个宽敞的楼梯从河边导向建筑前的平台，用于迎送贵宾。

这幢建筑的透明不仅体现在视觉上，而且也体现在运作方式上。大厦内的空间是连续的，至少在安全的许可内流动而开放。

付诸使用不久，贝尼施的德国联邦议会大厦就显示出它良好的性能。但是没过太长时间，德国国会就迁往位于柏林的帝国议会大厦。

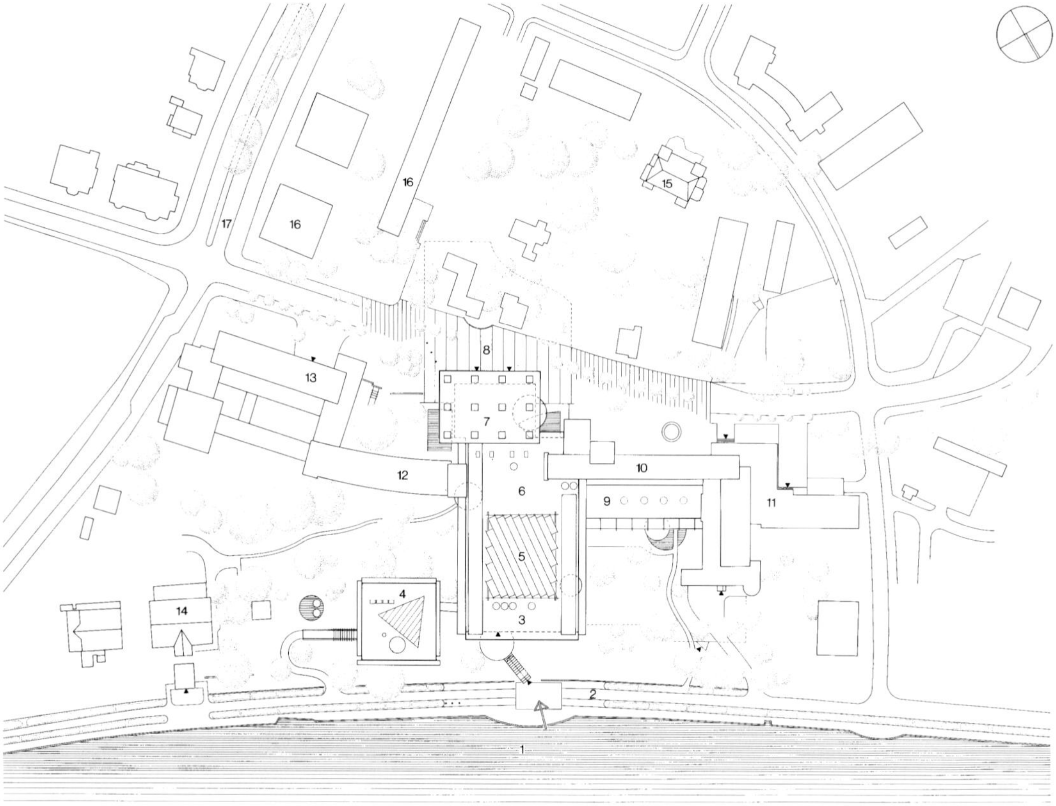

总平面图　1：2500

1. 莱茵河
2. 堤坝
3. 总统楼
4. 总统楼配楼
5. 议事厅
6. 大厅
7. 入口大厅
8. 议会广场
9. 餐厅
10. 原有建筑
11. 联邦委员会
12. 南楼
13. 原议院大楼
14. 供水设施
15. 国会
16. 议员居所
17. 霍伊斯大街

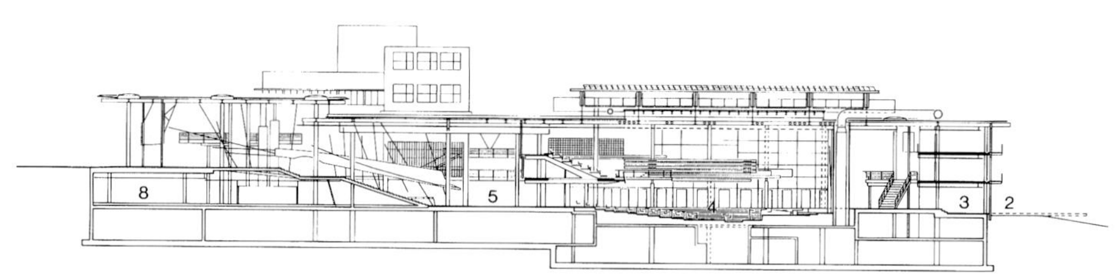

剖面图　1：1000

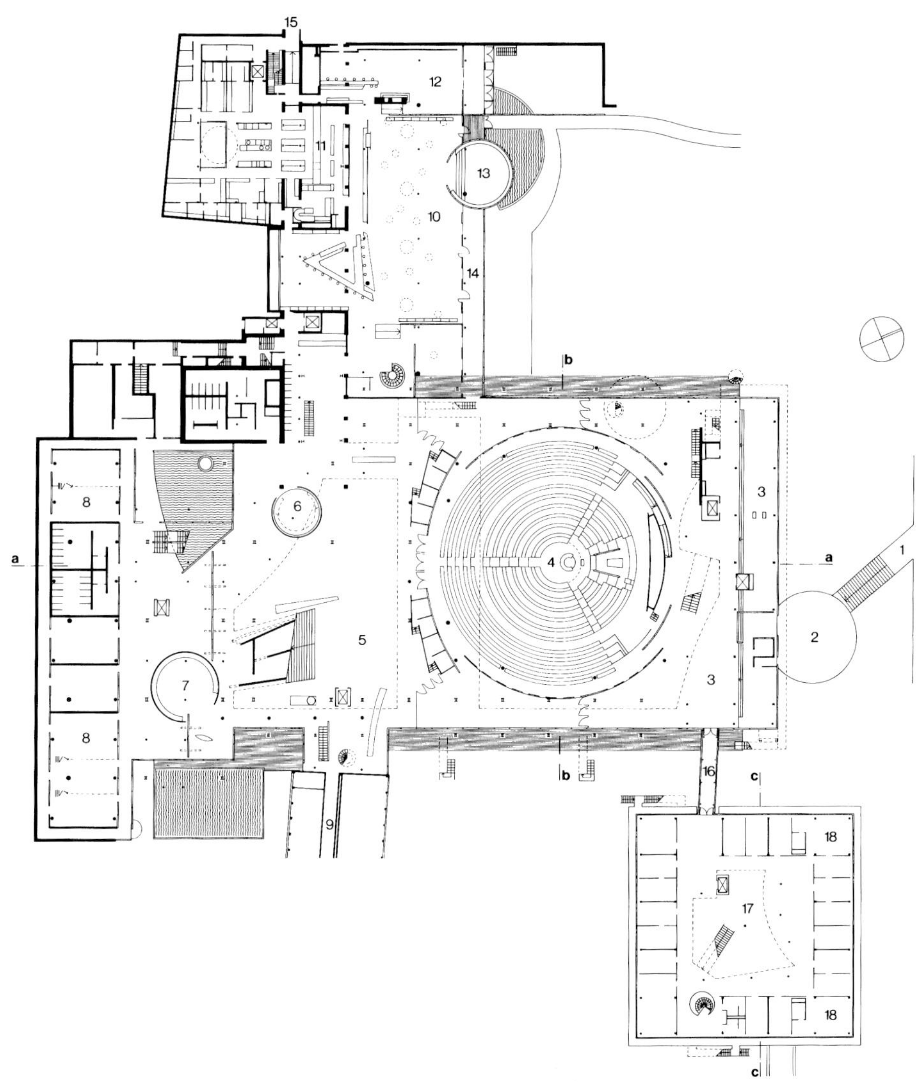

平面图 1:1000

1. 总统入口
2. 接待平台
3. 总统楼
4. 全体会议大厅
5. 大厅
6. 问询台
7. 休息厅
8. 观众用房
9. 南翼入口
10. 餐厅
11. 厨房和服务用房
12. 俱乐部
13. 圆厅
14. 温室
15. 联邦委员会入口
16. 总统楼配楼入口
17. 大厅
18. 副总统办公

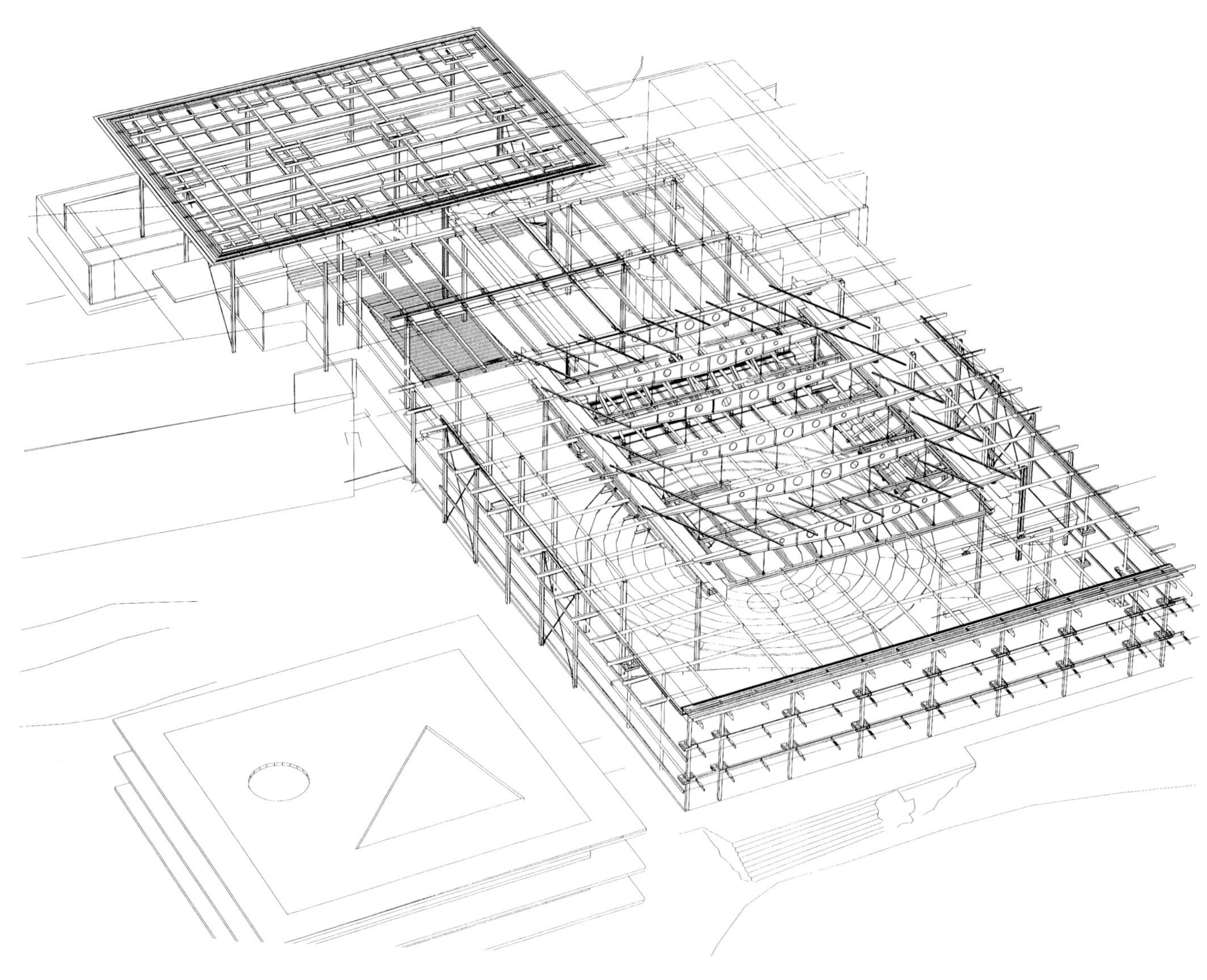

议会大厦的建设历史漫长而且由于犹豫不决而不断拖延。首先，举办了一次市内的竞赛，贝尼施的小组也参加了。然后在1973年，又举办了一次竞赛。那时竞赛的主要目的都是扩建现存建筑，为新的管理就职者提供空间，这个计划后来衍生出一系列变化和新的竞赛。1983年，贝尼施被委任在建筑前做一个方形广场的可行性研究。然而这个研究显示了老的结构很难适应现在的需求，最终导致推翻老建筑后在原址建造新建筑。

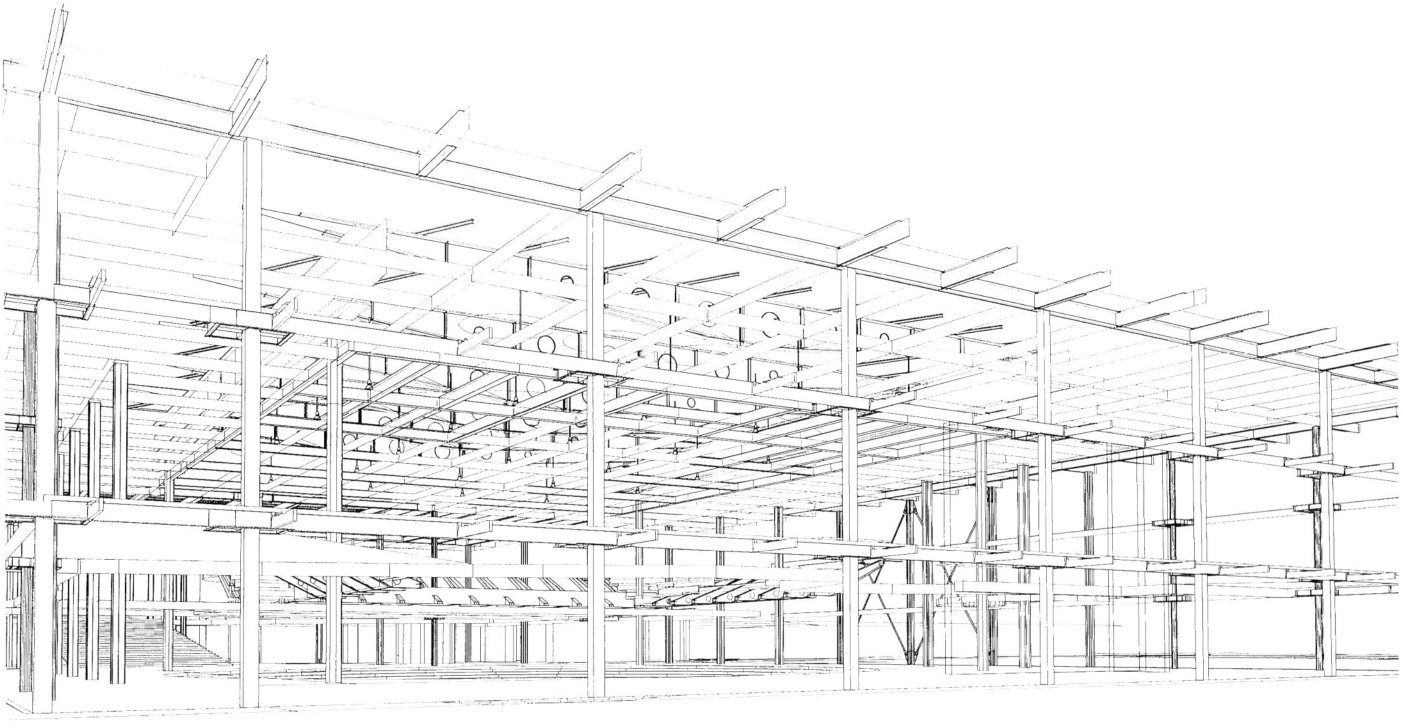

全体会议厅的两个轴侧投影图

柱子详图　1：50

1. mm：290 × 290 × 38 焊接柱子
2. C240mm 型材边
3. 20mm 钢板
4. ϕ 508 × 30mm 环形柱
5. HE–B 450 牛腿
6. HE–M 360 牛腿
7. 50mm 墙板
8. 50mm 肋材

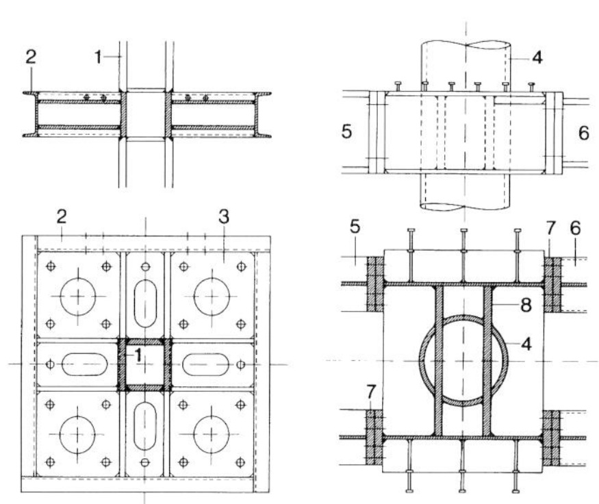

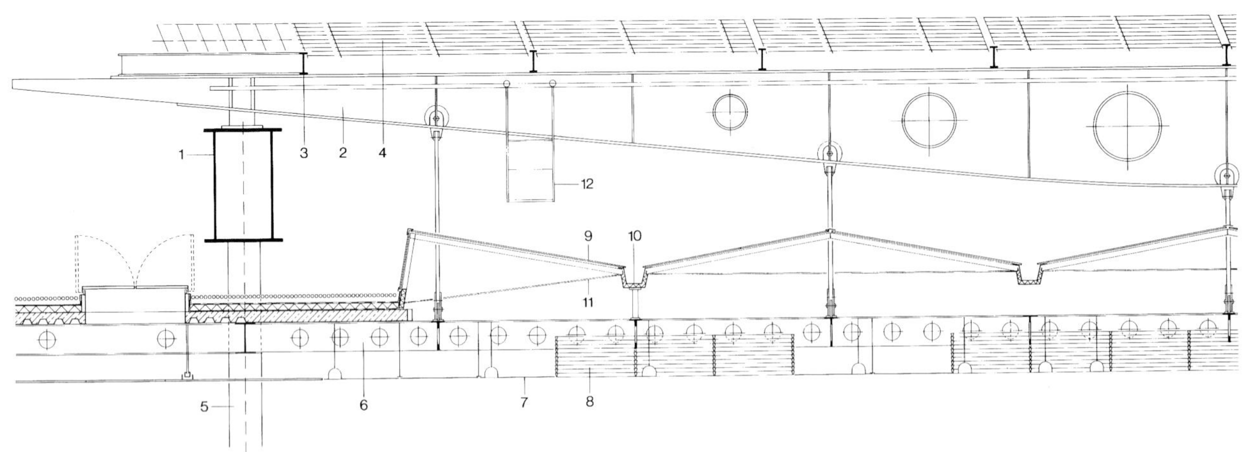
1
3
2
4
12
9
10
11
5
6
7
8

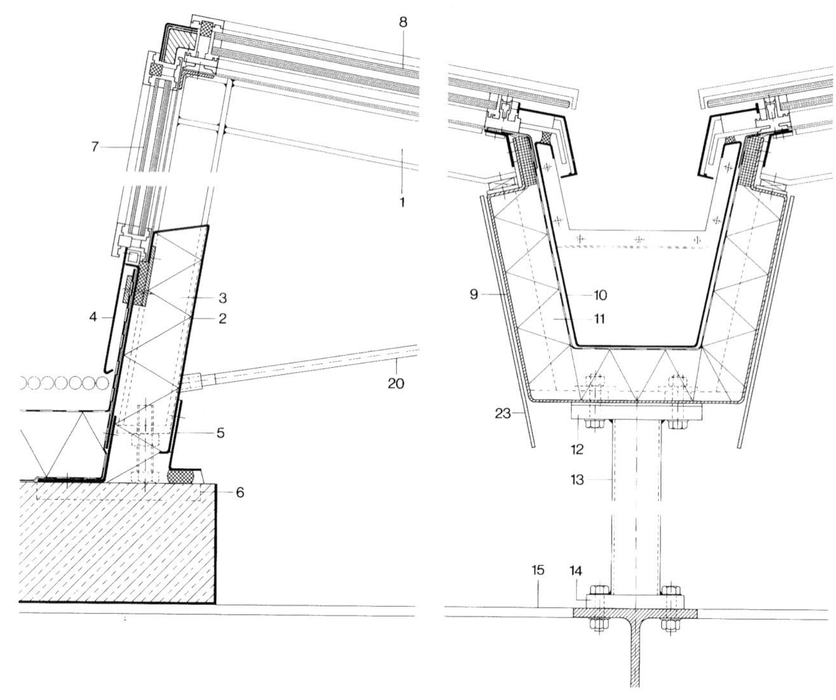
8
7
1
3
4
2
20
5
6
9
10
11
23
12
13
15
14

屋顶构造详图　1：100

1．主梁：1200mm × 1700mm，焊接箱形梁
2．鱼腹梁，凸缘宽 550mm
3．110mm × 300mm 等截面梁：焊接板呈对角线搁置
4．可调漫反射丙烯酸百叶
5．508mm × 40mm 主要钢支柱，支承屋面采光结构
6．轧钢材托梁格栅
7．铝板
8．反射金属板和棱镜铸铁玻璃拱腹格栅
9．IPE 80 梁上折叠玻璃天窗
10．不锈钢排水槽
11．16mm 系杆
12．活动维护吊车

采光天窗及排水槽详图　1：10

1．IPE 80 横梁
2．3mm 钢板内衬
3．90mm 轻质玻璃
4．3mm 铝板
5．mm：103.5 × 50 × 3 角钢
6．mm：300 × 250 × 20 锚固板
7．24mm 夹层安全玻璃
8．33mm 夹层安全玻璃
9．4mm 型钢水槽
10．2mm 不锈钢水槽内衬
11．73mm 轻质玻璃
12．ϕ 200 × 20mm 顶板
13．直径 76mm 壁厚 1mm 的钢管
14．mm：150 × 260 × 20 底板
15．450mm 深轧钢托梁格栅

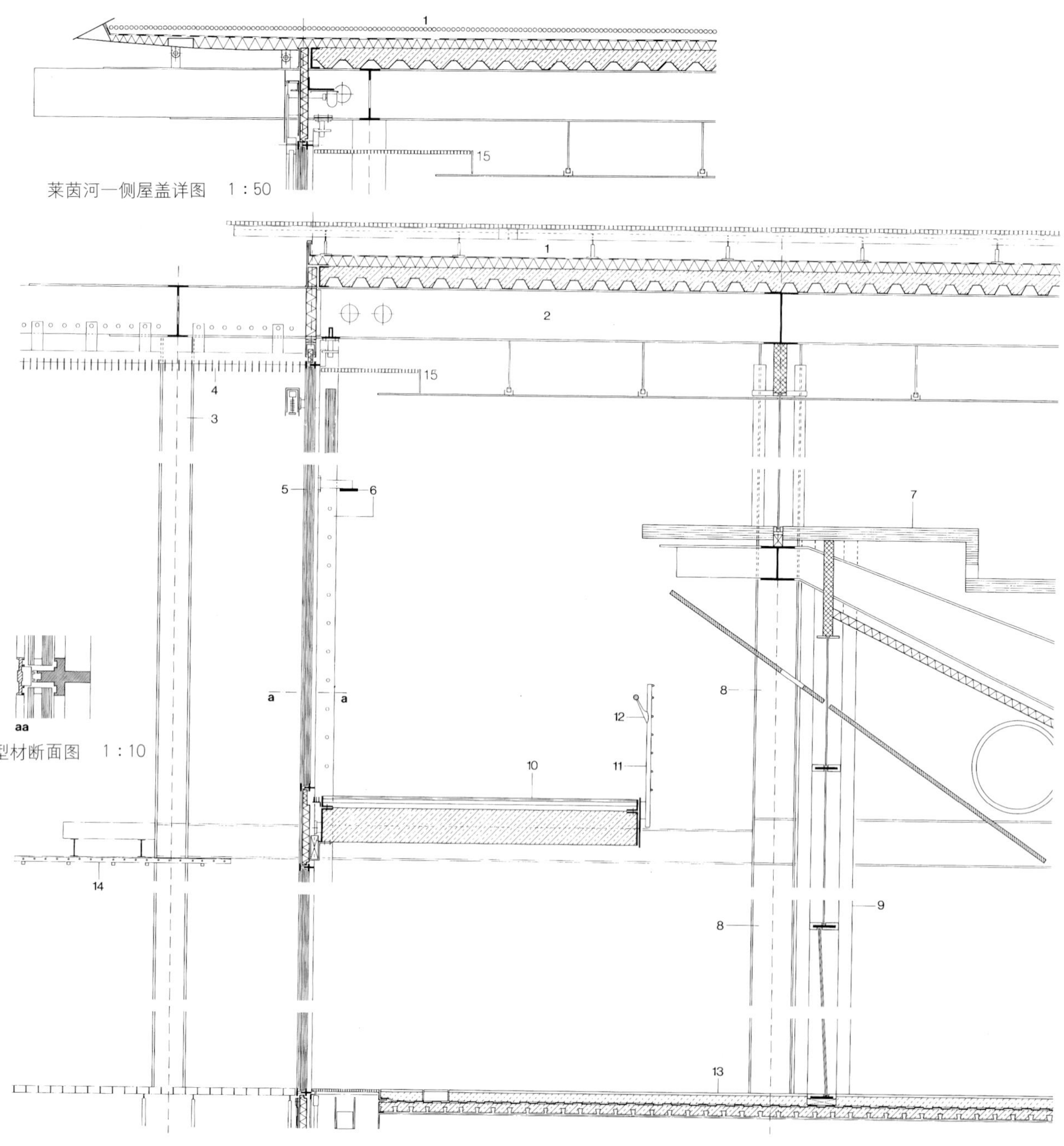
1
15
莱茵河一侧屋盖详图 1:50
1
2
15
4
3
5
6
7
a
a
aa
型材断面图 1:10
8
12
11
10
14
9
8
13

立面详图，全体会议厅，
东北角　1：50

1. 屋面
   细砂层
   沥青
   100mm 隔热层
   100mm 轻质混凝土
   楼板
   80mm 网状板
2. HE-B 450 型材网架
3. 300mm × 350mm 双芯金属柱
   内填混凝土
4. 铝质遮阳板
5. 外部维护结构
   钢梃铝板
   42.mm中空遮阳安全玻璃
6. 160mm × 25mm 垂直和水平横
   梁
7. 平台
   120mm 层压木板踏步
   2.40m.圆锥形型材
   钢梁
   保温吊顶
   通风管
   34 1/2 斜拱腹
8. 383mm × 450mm 双芯金属立
   柱内填混凝土
9. 大厅维护材料
   260mm × 60mm 水平型材
   钢骨木材
   28mm 白色安全玻璃
   120mm × 60mm 双面层压板木
   柱
10. 总统走道
    22mm 镶木地板
    30mm 沥青卷材
    48mm 找平层
    300mm 混凝土板
11. 扶手
    42.4mm × 14.7mm立杆
    16mm 水平栏杆
12. 铸钢扶手
13. 楼板
    20mm 水磨石子地
    80mm 托梁
    PE 板
    80mm 以上混凝土，格子板
    通风管
14. 凉棚
15. 铁板

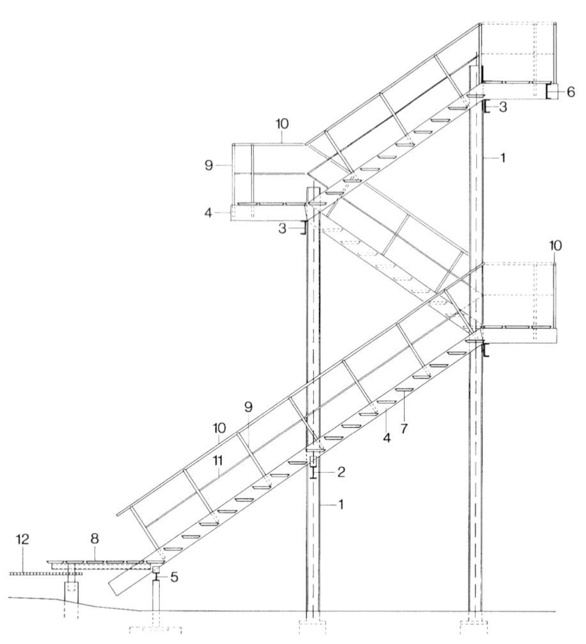

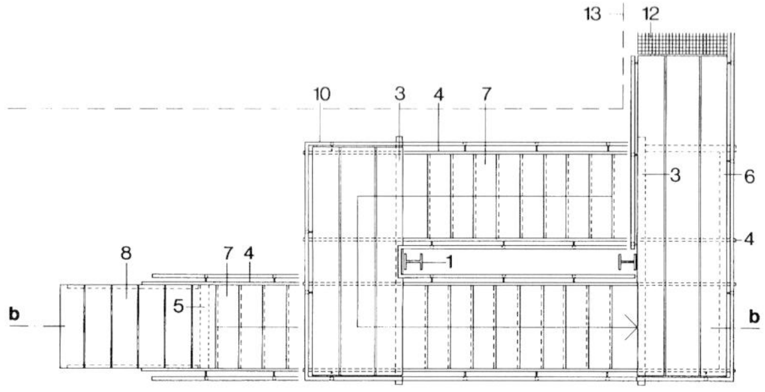

楼梯详图
大厅，东北角　1：100

1．HEM 180 柱
2．IPE 80 梁
3．200mm × 80mm 型材
4．240mm × 30mm 钢板
5．HEB 140 梁
6．240mm × 80mm 型材
7．300mm × 40mm 铝型材踏步
8．400mm × 40mm 铝型材踏步
9．33.7mm × 5.6mm 扶手立杆
10．3.7mm × 5.6mm 扶手
11．16mm 护栏
12．钢板
13．外墙轴线

98 塞·通布利画廊

伦佐·皮亚诺

建 筑 师：*伦佐 · 皮亚诺建筑工作室*
地　　址：*美国，休斯敦*
设计小组：*S. 伊什达， M.卡罗尔， M.帕尔莫尔*
协　　作：*S.康纳， A.尤因，S.洛佩斯，M.巴西尼亚尼（模型），*
R.菲茨杰拉德及其合伙人（当地建筑师）.
结　　构：*奥维 · 阿鲁普及其合伙人，隆德里斯*
工　　程：*海恩斯 · 惠利公司*
土木工程：*洛克伍德，安德鲁斯 & 纽曼*
施　　工：*迈纳 · 戴德里克及其合伙人*

1981年多米尼克 · 德 · 梅尼委托伦佐 · 皮亚诺——这位与理查德 · 罗杰斯合作设计巴黎蓬皮杜中心的大师——为她的超现实主义藏品和原始非洲艺术藏品设计一个博物馆，这些收藏品都是世界珍品。博物馆位于休斯顿的一个住宅区，该住宅区内主要是19世纪建造的小木屋。

主馆开馆五年后，梅尼要求皮亚诺再设计一个9000平方英尺（约836.1m^2）的展厅来展示美国抽象主义、表现主义艺术家塞 · 通布利的作品。

按照业主和建筑师的要求，这个扩建工程的外观与主馆不同。然而，在两个馆的设计中建筑师关注的问题是一样的：光线。在阿勒普公司的配合下，密歇根大学的建筑与城市规划系承担了光线的研究和分析工作。他们制作了建筑模型，放在巨大的球形镜下，通过一个复杂的由计算机控制的灯光系统模仿休斯顿日照的强度和太阳运动轨迹，以此研究建筑的室内光环境。这样做的目的是判断由一系列相互联系的过滤器组成的屋面能否既减弱光线强度到合适的水平，又不掩盖光线不断变化的自然性质。

似乎是为了与复杂的屋面取得平衡，楼面自身的布置非常简单：展览区域是一个正方形，分成面积相同的九块，每块是一个房间。

建筑周边的墙和透明屋面完全不同，实际上除了入口和与之相对的后墙，一丝光线都无法通过墙体进入建筑。取消窗户释放了整个墙面，悬挂绘画的时候就不需要再考虑眩光问题了。

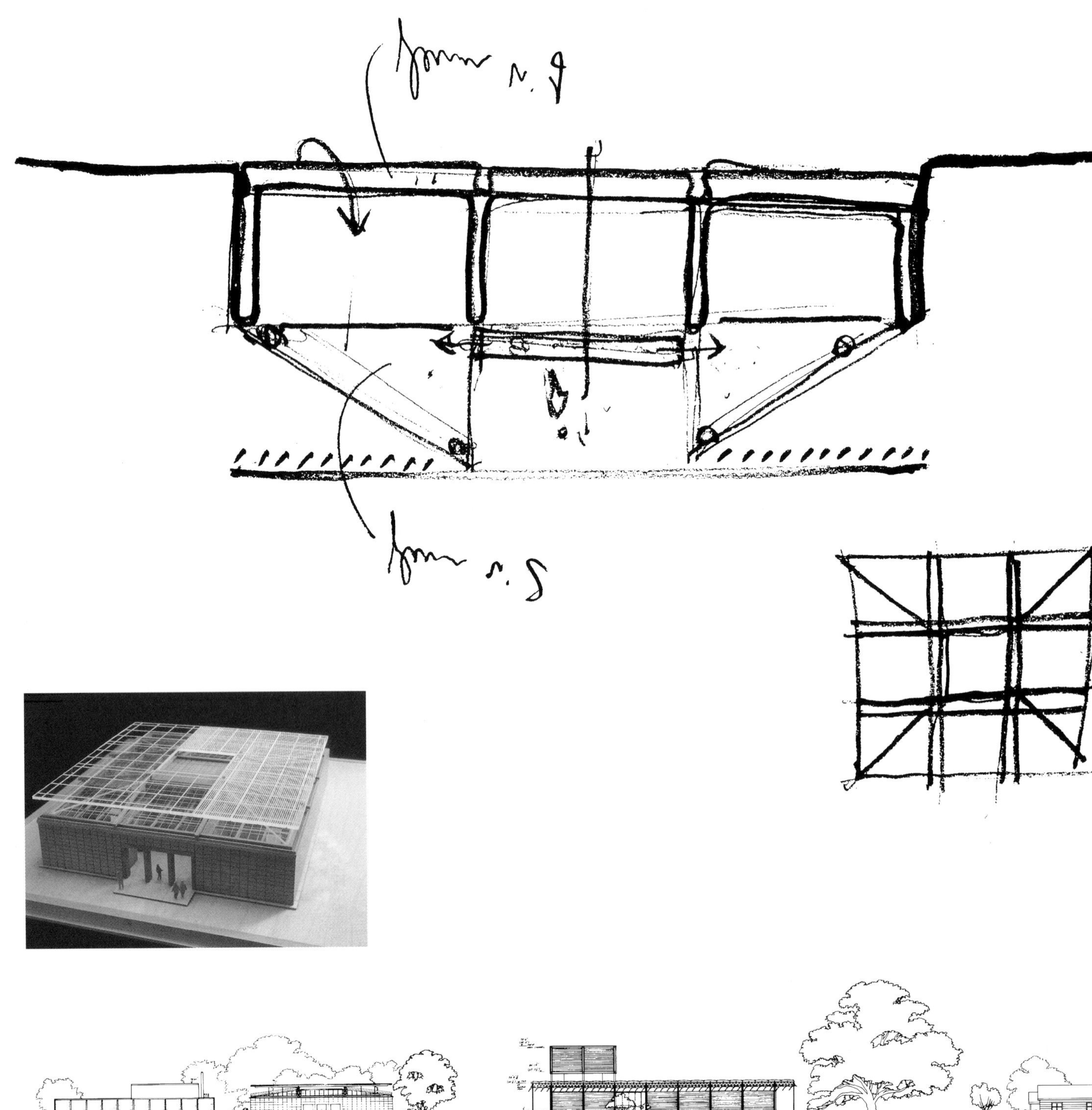

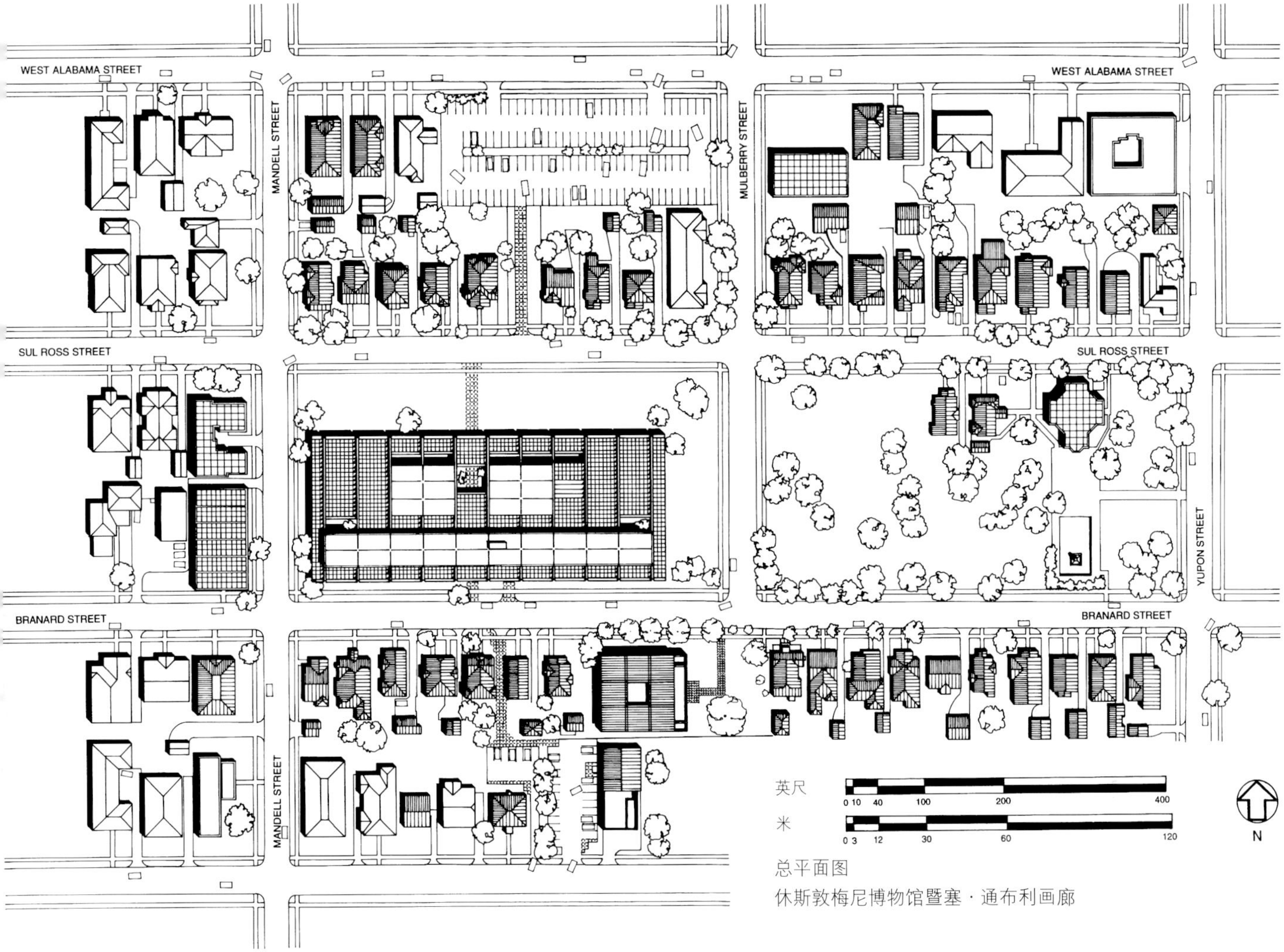

WEST ALABAMA STREET
MANDELL STREET
MULBERRY STREET
WEST ALABAMA STREET
SUL ROSS STREET
SUL ROSS STREET
YUPON STREET
BRANARD STREET
BRANARD STREET
MANDELL STREET
英尺
0 10 40 100 200 400
米
0 3 12 30 60 120
N

总平面图

休斯敦梅尼博物馆暨塞·通布利画廊

总平面图

东立面图

南立面图

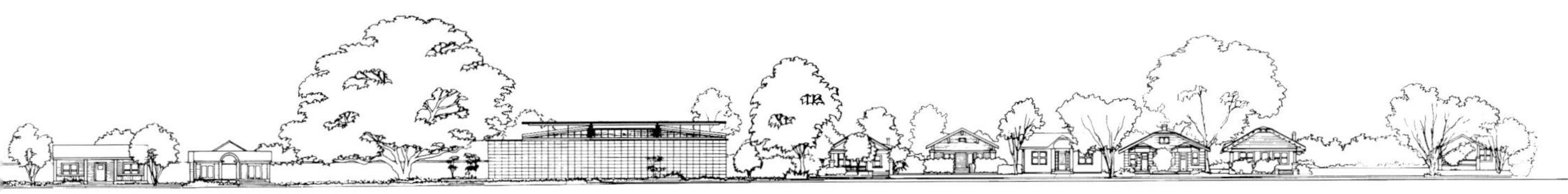

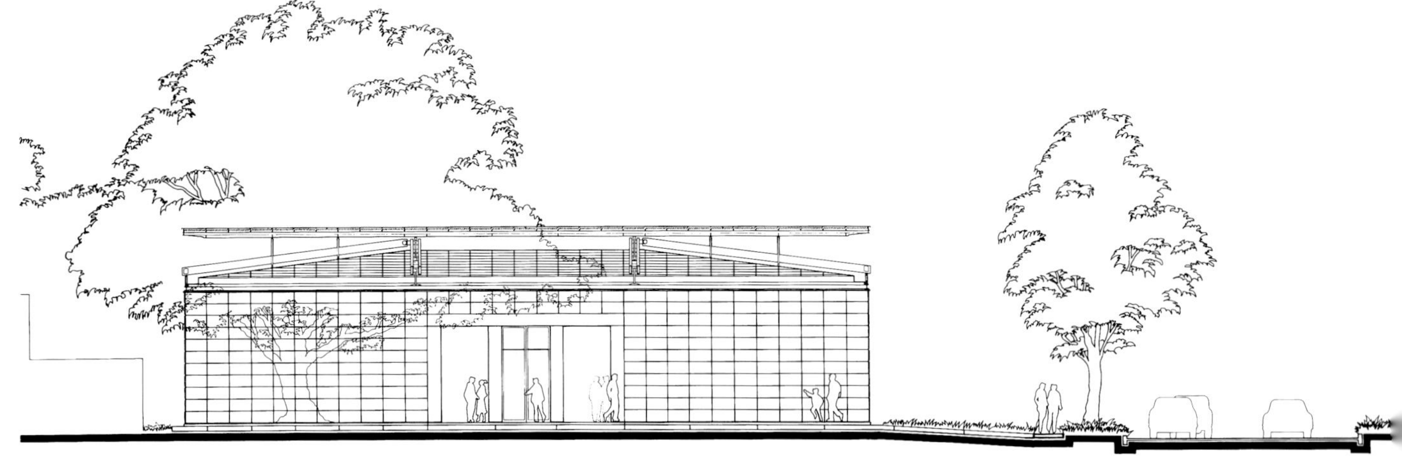

东立面图

EAST ELEVATION

CY TWOMBLY GALL
MENIL COLLECTION
HOUSTON, TEXAS

屋顶平面图

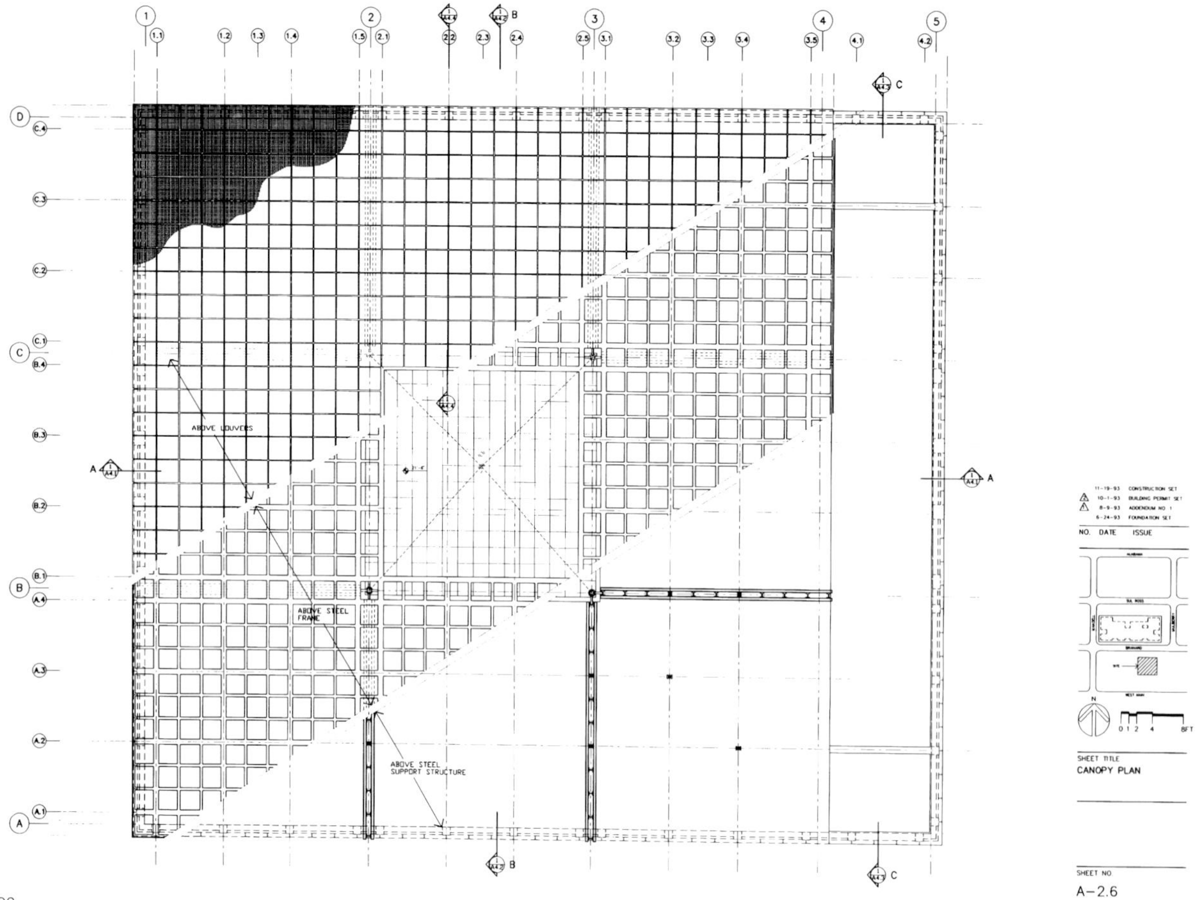

ABOVE LOUVERS

ABOVE STEEL FRAME

ABOVE STEEL SUPPORT STRUCTURE

NO.	DATE	ISSUE
	11-19-93	CONSTRUCTION SET
2	10-1-93	BUILDING PERMIT SET
1	8-9-93	ADDENDUM NO 1
	6-24-93	FOUNDATION SET

N

0 1 2 4 8FT

SHEET TITLE
CANOPY PLAN

SHEET NO
A-2.6

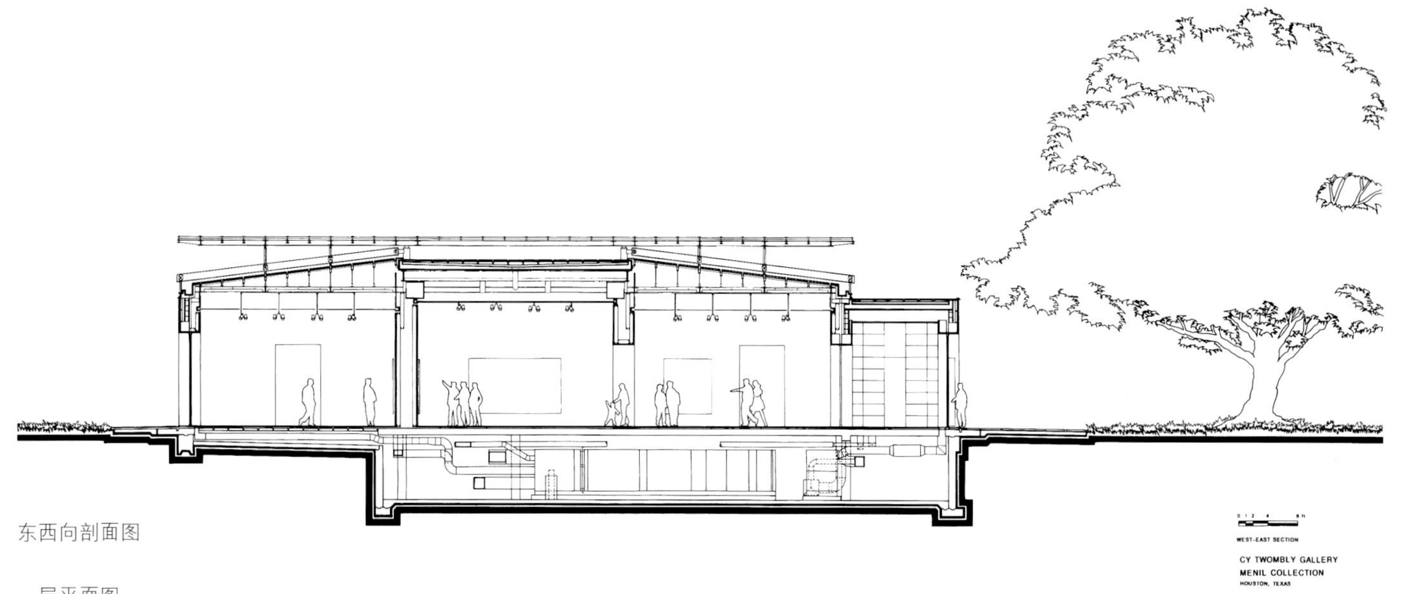

东西向剖面图

一层平面图

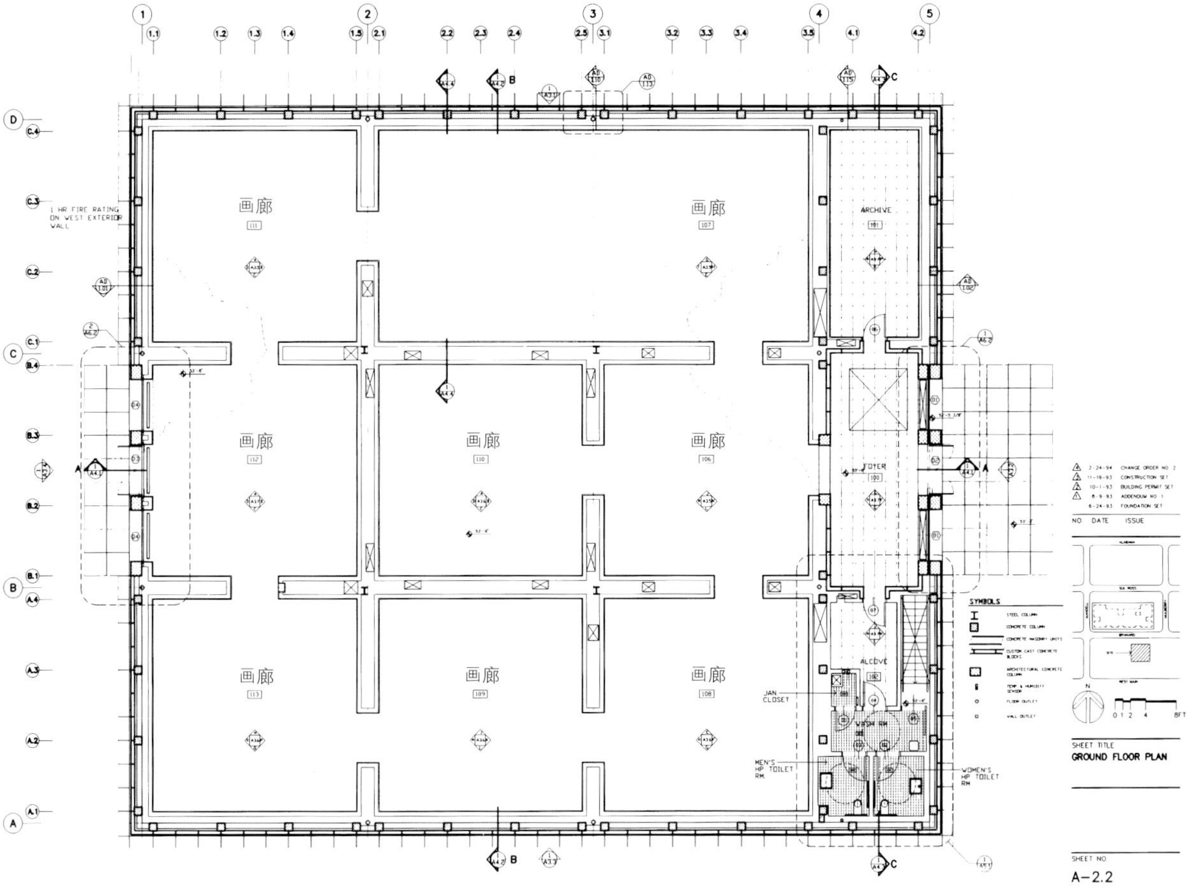

1 HR FIRE RATING ON WEST EXTERIOR WALL

画廊 111

画廊 107

ARCHIVE 101

画廊 112

画廊 110

画廊 106

FOYER 100

画廊 113

画廊 109

画廊 108

ALCOVE 102

JAN CLOSET

MEN'S HP TOILET RM.

WOMEN'S HP TOILET RM.

SYMBOLS

NO. DATE ISSUE

SHEET TITLE
GROUND FLOOR PLAN

SHEET NO.
A-2.2

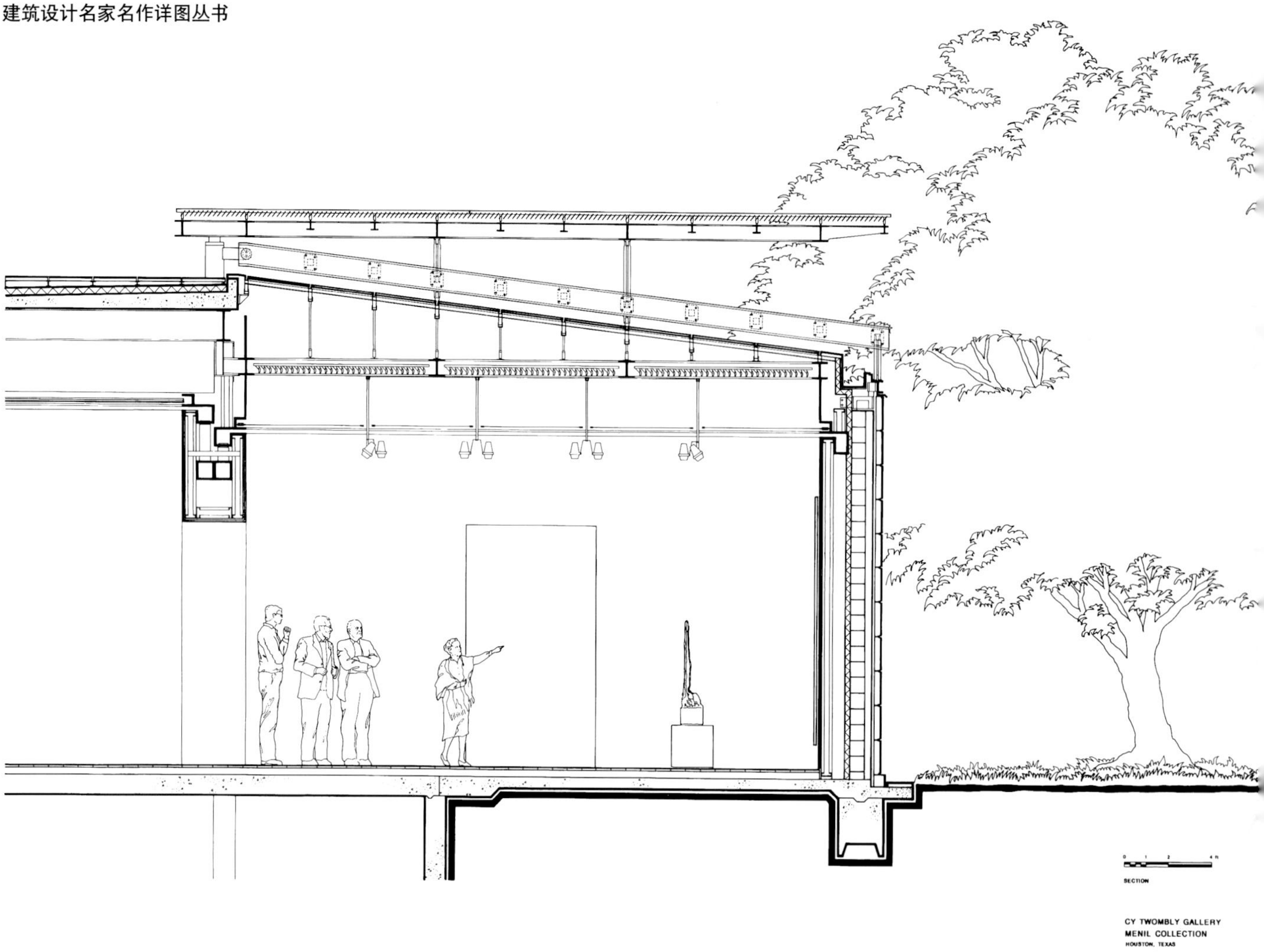

0 1 2 4 ft

SECTION

CY TWOMBLY GALLERY
MENIL COLLECTION
HOUSTON, TEXAS

剖面详图

固定百叶
钢结构遮阳篷
天窗
可控制百叶
织物吊顶
画廊

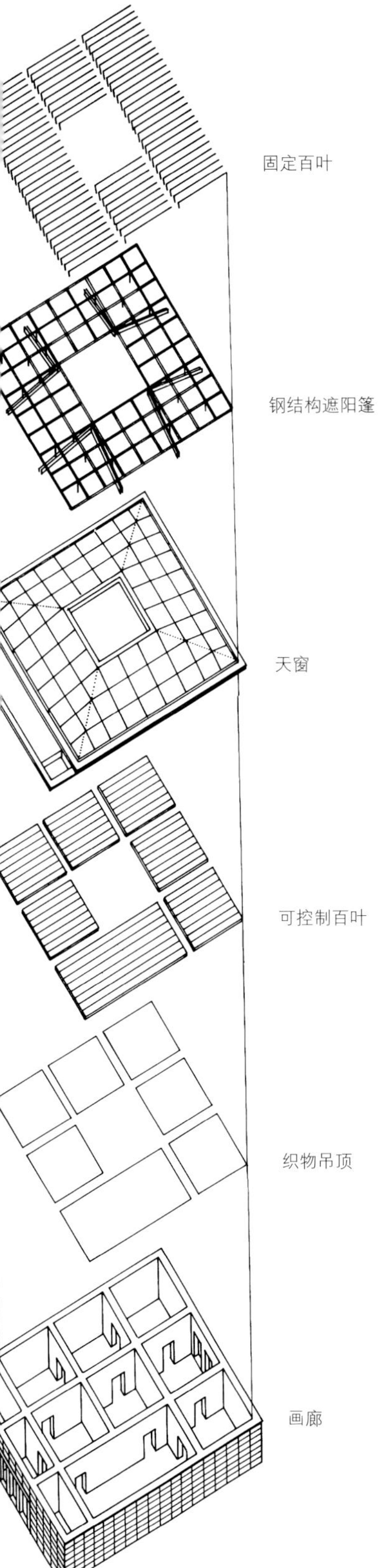

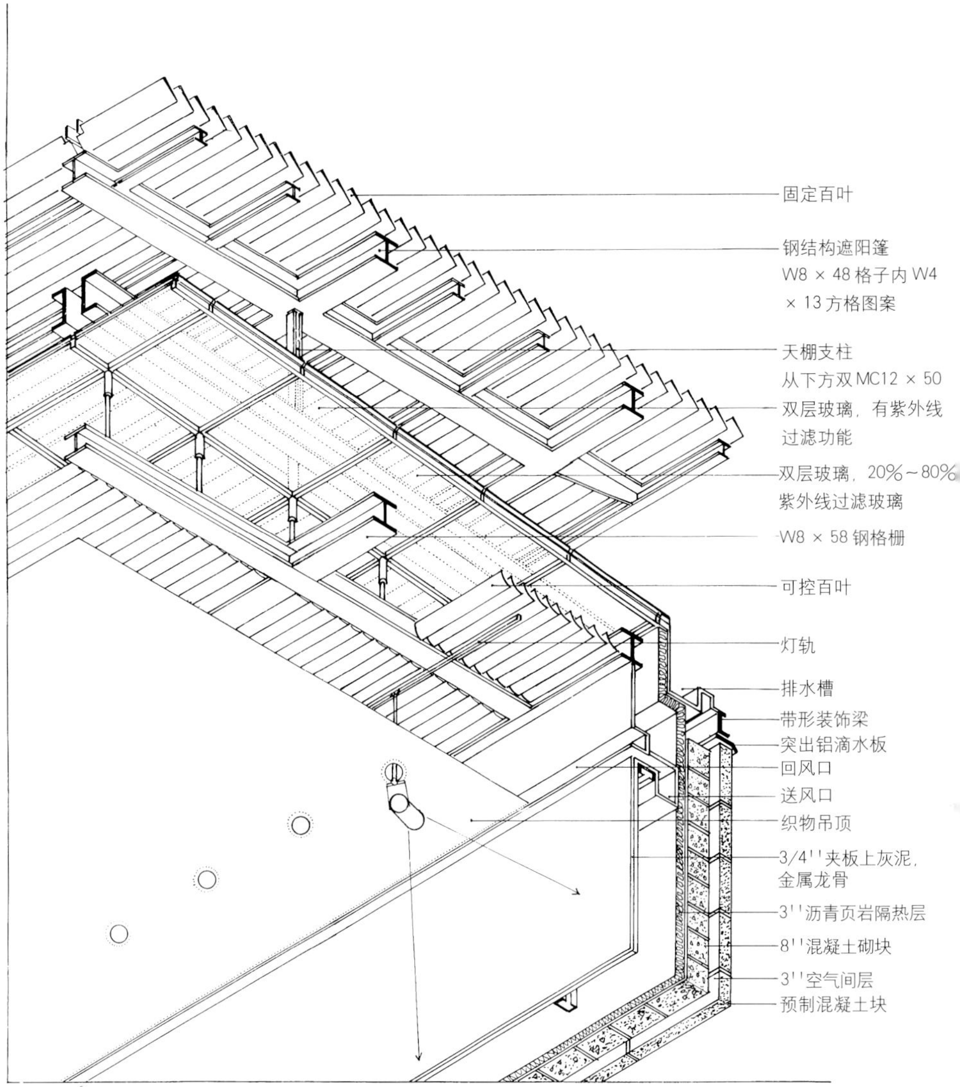

固定百叶
钢结构遮阳篷
W8 × 48 格子内 W4
× 13 方格图案
天棚支柱
从下方双 MC12 × 50
双层玻璃，有紫外线
过滤功能
双层玻璃，20%~80%
紫外线过滤玻璃
W8 × 58 钢格栅
可控百叶
灯轨
排水槽
带形装饰梁
突出铝滴水板
回风口
送风口
织物吊顶
3/4''夹板上灰泥，
金属龙骨
3''沥青页岩隔热层
8''混凝土砌块
3''空气间层
预制混凝土块

建成后细部　　人造石外墙板

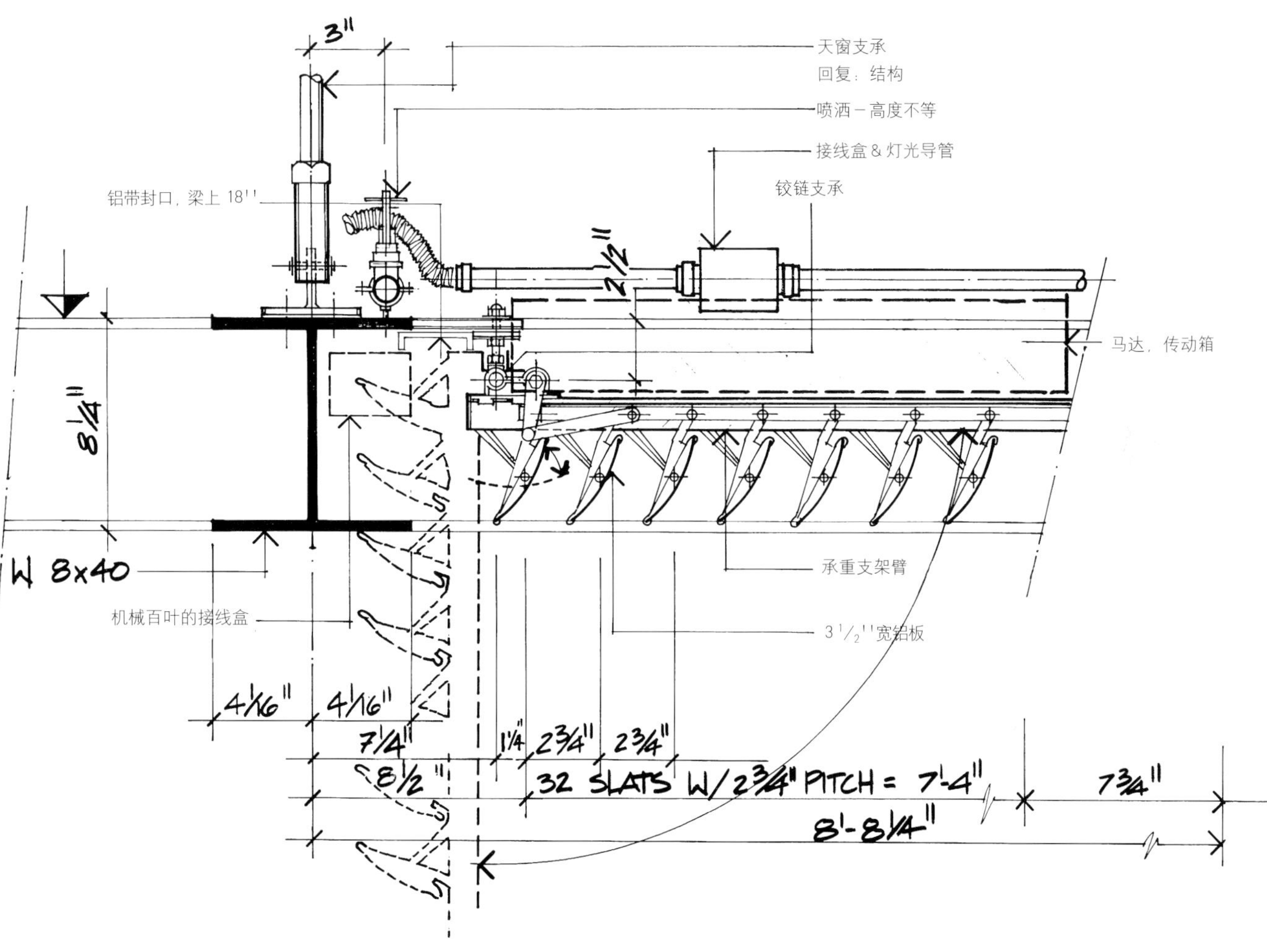

机械百叶剖面详图 3''=1'

可移动地板构造

1. 天窗支承
2. 喷洒头
3. 节点，照明导管
4. 铰链
5. 活动臂
6. 3 1/2''铝条

附录1 人名译名对照表

A Ewing	A.尤因
A.Ferraru	A.费拉吕
A.Salmuth	A.扎尔穆特
Adams Davis	亚当斯·戴维斯
Alto	阿尔托
Alvaro Siza	阿尔瓦罗·西扎
Andrews	安德鲁斯
Arderiu	阿德里乌
Berard	贝拉尔
Bergermannn	贝格曼
Bray	布雷
Christian de Porzamparc	克里斯蒂安·德·鲍赞巴克
Claudio Monteverdi	克劳迪奥·蒙特威尔地
Cy Twombly	塞·通布利
Delmas	戴尔马
Dennis Ige	丹尼斯·伊格
Dominique de Menil	多米尼克·德·梅尼
E.Prizer	E.普里茨尔
E.Tillmanns	E.蒂尔曼斯
Ehlers	埃勒斯
Eppinger	埃平格
Eric Owen Moss	埃里克·欧文·莫斯
F.Rabei	F.拉贝
Frank Hammoutene	弗兰克·阿穆泰纳
G.Starb	G.施塔布
Gracia Borrell	格拉西亚·博雷尔
Günter Behnisch	京特·贝尼施
H.Burkart	H·布尔卡特
Hannah	汉纳
Hans Luz	汉斯·卢斯
Haynes Whaley	海恩斯·惠利
Hiroshi Naito	内藤广
Hitoshi Watanabe	渡边仁志
Igor Stravinsky	伊戈尔·斯特拉文斯基
Ian Ritchie	伊恩·里奇
J.Auzolle	J.奥佐勒
J.L.Rey	J.L雷伊
J.Montfort	J.蒙福尔
Jay Vanos	热·瓦诺
Jean Marc Ibos	让·马克·伊博斯
Joe Kurily	乔·库瑞里
Jose Martins dos Santos	何赛·马丁斯·多斯·桑托斯
Jourdan	乔丹
Khephren	凯弗恩
Kunio Watanabe	渡边邦男
Kurily Szymanski Tchirkow	库瑞里·希罗斯基·柴科
Lloyd Bray	劳埃德·布雷
Lockwood	洛克伍德
Londres	隆德里斯
M.Bassignanai	M.巴西尼亚尼
M.Carroll	M.卡罗尔
M.Palmore	M.帕尔莫尔
Mack Scogin	马克·斯科吉姆
Manfred Sabatke	曼弗雷德·扎巴特克
Marg	马格
Merill Elamand	梅里尔·埃尔曼得
Miner Dederick	迈纳·戴德里克
Mirto Vitart	米尔托·维塔
Montse Alegre	蒙特斯·阿尔格雷
Morato	莫拉托
Muller	穆勒
Newman	纽曼

Nobuharu Kawamura	川村延伸
Ove Arup	奥维·阿鲁普
P.Gerent	P.热朗特
Paul Antieri	保罗·安捷里
Pesce	佩谢
Pierre Cantacuzene	皮埃尔·康塔库泽纳
Pruitt Eberly Stone	普鲁伊特·埃伯利·斯通
R.Fitzgerald	R.菲茨杰拉德
R.Gazzolaa	R.加佐拉
Renzo piano	伦佐·皮亚诺
Richard Rogers	理查得·罗杰斯
S.Conner	S.康纳
S.Ishida	S.伊什达
S.Lopez	S.洛佩斯
S.Pratte	S.普拉特
Schlaich	施莱歇
Schmidtke	施米特克
Scogim Elam	斯科吉姆·伊拉姆
Sigfrid Pascual	西格弗里德·帕斯库尔
Sophie Nguyen	索菲·阮
Storch	施托希
Von Gerhan	冯·格康
Wehberg	韦贝格
William S.Lucas	威廉姆·S·卢卡斯
Winfreid Buxel	温弗里德·布克斯尔
Y.R.M.Antony Hunt	Y.R.M.安东尼·安

附录 2　地名译名对照表

Barcelona Avenue	巴塞罗那大街
Bonaval Convent	博纳瓦尔修道院
Bonn	波恩
Boulevard de la Liberte	自由大道
Can Carbanyes Bridge	可汗·卡班尼桥
Catalunya	加泰罗尼亚
Corning	科宁
Crystal Palace	水晶宫
Ducal Palace in Mantua	曼图亚公馆
Elysium Fields	香榭里舍剧院
Galician	加利西亚
Heuss Avenue	霍伊斯大街
Houston	休斯顿
Leipzig	莱比锡
Lille	里尔
Place de la Republique	共和国广场
Plaza Dr.Pearson	皮尔森广场
Pompidou Center	蓬皮杜中心
Reichstag Building	帝国议会大厦
Rubi	鲁比
Rue Cautier du Chatillon	查蒂隆戈替耶路
Rue de Valmy	瓦尔梅路
Samitaur	萨米特
Santiago de Compostela	圣地亚哥－德孔波斯特拉
Santo Domingo	圣多明各
Volkerschlachtsdenkmal	莱比锡大会战纪念碑